别被1%的坏情绪毁掉人生

写给为梦想而奋斗的你

墨非◎编著

中国轻工业出版社

图书在版编目（CIP）数据

别被 1% 的坏情绪毁掉人生 / 墨非编著 . — 北京 :
中国轻工业出版社 , 2019.9
（写给为梦想而奋斗的你）
ISBN 978-7-5184-2349-1

Ⅰ . ①别… Ⅱ . ①墨… Ⅲ . ①情绪 – 自我控制 – 青年
读物 Ⅳ . ① B842.6-49

中国版本图书馆 CIP 数据核字 (2019) 第 173101 号

责任编辑：由　蕾
策划编辑：由　蕾　　责任终审：张乃柬　　封面设计：王玉美
版式设计：张龙梅　　责任校对：吴大鹏　　责任监印：张京华

出版发行：中国轻工业出版社（北京东长安街 6 号，邮编：100740）
印　　刷：北京画中画印刷有限公司
经　　销：各地新华书店
版　　次：2019 年 9 月第 1 版第 1 次印刷
开　　本：880 × 1230　1/32　印张：33.5
字　　数：500 千字
书　　号：ISBN 978-7-5184-2349-1　定价：198.00 元（全 5 册）
客服电话：010-85111939
网　　址：http://www.chlip.com.cn
Email：club@chlip.com.cn
如发现图书残缺请与我社邮购联系调换
181397G1X101ZBW

前言

总有人问我这样一个问题：“老师，你是如何控制自己情绪的呢？”

他们不知道，情绪是可以选择的。人不是机器，不是输入特定指令就一定会产生特定情绪。人类有思想，可以在条件允许的情况下，选择对自己最有利的情绪。

然而，我们很多人对情绪都有这样的误区：我们要充满正能量，要有正能量的情绪；我们要努力摆脱负面情绪，要想尽办法消灭负面能量。

他们认为，真正成熟的人，永远泰然自若，充满正能量，永远不会发脾气。

其实，这是错误的。

因为，情绪不是用来控制的，情绪是用来认识的。

著名主持人蔡康永也曾这样总结：真正的高情商者“活在自己的情绪里”，承认自己的情绪，能够发现自己的情绪来源，并善于找到情绪的出口。

所以，作为成熟的个体来说，我们应该明白，人有不良情绪很正常，重要的是要确保自己不被坏情绪左右，而不是让自己没有情绪。

美国著名作家马克·吐温说：“不幸的人有各自的不幸，而快乐的人却有着相同的快乐。”如果你总是情绪不好，总是对生活不满意，表面上看是你无法和这个世界和谐相处，实际上是你无法和自己和谐相处。明朝著名哲学家王守仁也提出过这样一个著名的论述，叫作“此心不动，随机而动”，意思是把自我和非我清晰地剥离开来，然后以我心度万物，再以万物修我心，直到最终将我心和万物融为一体。换句话说，就是如果我们能够时刻窥视自己的内心，同时度量世间万物，就可以修炼出一颗静如止水的心，同时修炼出一副好脾气。

目录 CONTENTS

Chapter 1 —— 情绪管控

摒弃消极的思想情绪

Chapter 2 —— 情绪平衡

就算善良，也要有点锋芒

Chapter 3 —— 情绪转移

换一个视角，激活阳光心态

目录 CONTENTS

Chapter 4 —— 情绪释放

给负面情绪一个合理的出口

Chapter 5 —— 情绪选择

智慧生活，让“积极”常驻心底

Chapter 6 —— 情绪调整

情绪稳定是种难得的品质

Chapter 1

情绪管控

摒弃消极的思想情绪

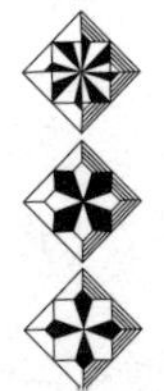

远离玻璃心，改变僵化思维

小彤是在大学毕业之后进入广告公司的，当时她也是通过层层面试才被最终留下的。两年之后，小彤积极申请了公司组织的选拔优秀员工去香港参加培训的活动。但是很意外，小彤没有被选上。

这让小彤备受打击，恰巧这时，又赶上公司业务繁忙期，上司给小彤同时安排了很多工作。面对巨大的工作和心理压力，小彤感到特别焦虑，对自己未来的发展也感到非常迷茫，于是，带着一种逃避问题的心理，她提出了辞职。

和你的感觉一样，这的确是一个普通得不能再普通的故事。但是，这种普通的故事屡见不鲜。太多的人因为遭受打击而失去信心，做出消极的选择而自暴自弃。

也许在我们看来小彤是玻璃心，连一次小小的失败也承受不了。但是，我们却忽略了隐藏在小彤玻璃心后面比玻璃心更可怕的一种思维方式，那就是僵固式思维方式。

“僵固式思维方式”的概念来源于卡罗尔·德韦克写的《心理定向与成功》一书，它包含了三个重要特征：

第一，僵固式思维方式认为，人的能力是不会改变的。这就是上述故事中，小彤在遭遇落选之后非常沮丧的原因。在她的认知里，她的能力不会提高，如果这次没被选上，下次也一定不会被选上。

第二，僵固式思维方式认为，人的某一次成败就足以证明其能力水平。如果一个人某一次遭遇了失败，足以说明他的能力不行。所以，僵固式的思维方式很容易使人生出逃避的心理来，因此，小彤有了辞职的想法。

第三，僵固式思维方式认为，造成失败的原因都是个人的原因。如果一个人拥有僵固式思维方式，那么他（她）在分析失败原因的时候，很难把外部因素考虑在内，例如这一次的失败实际上可能只是因为缺少了一点点运气，还有很多客观条件的限制等。就像小彤的故事，实际情况或许是，小彤的公司对小彤的工作能力是很认可的，不过这一次名额有限，就没有同意她的申请。如果公司再组织下一次培训，可能会优先考虑小彤，然而可惜的是那个时候小彤已经离开了公司。

通过上面的分析，我们不难发现，拥有僵固式思维方式的人，很容易受到失败的打击，一旦他们遭遇了失败，就会选择彻底放弃。如果不改变思维方式，那么他们的人生恐怕也不会有什么大的发展。

“僵固式思维方式”对应的是“成长式思维方式”。下面我们通过一个大家都知道的例子来阐述 “成长式思维方式”的概念。

伟大的发明家爱迪生在发明电灯泡的时候，尝试过的耐热材料有1600 多种。据说，有一位记者在爱迪生尝试到第 1000 种材料的时候问过他：“您已经失败了 1000 次，还没有发明出电灯泡，您怎么还要坚持呢？”

爱迪生回答：“我是成功了 1000 次，并非失败了 1000 次，因为，我已经成功地证明了那 1000 种材料是不能用的。”

通过爱迪生的回答，我们能够看出，他拥有的思维方式和“僵固式思维方式”完全不同，卡罗尔·德韦克把这种思维方式称为“成长式思维方式”。

在拥有成长式思维方式的人看来，失败只是暂时的，只要能够坚持从失败中总结经验教训，肯定会取得成功；而且他们认为，一个人的能力会随着个人的努力得到提升；同时他们还认为，失败有时候只是欠缺了一点运气，只要努力坚持，运气一定会越来越好的。

马丁·赛利格曼教授被称为积极心理学之父，他在《活出最乐观的自己》一书中写道，乐观的人认为失败只是暂时的、针对某一件事的，客观因素也要考虑在内；但是悲观的人却认为失败是永久性的，认为自己做的普遍的事情都会失败，失败是由自己单方面因素造成的。

通过上面阐述的内容，我们能够发现：僵固式思维方式是从悲观的角度看问题，而成长式思维方式是从乐观的角度看问题。

那么，我们要想从僵固式思维方式转为成长式思维方式需要怎样做呢?

第一，不能因为人生中的某一次失败就把自己定义成失败者。

那些拥有僵固式思维方式的人，他们常常会犯一个错误，那就是以偏概全。他们会因为自己某一次的失败就严重怀疑自己的能力，把自己定义成一个完全的失败者。其实这个时候，他们最应该告诉自己，“不能用某一次的失败来定义自己。”

第二，把每一次的失败和挫折都当作成长的机会。

为什么有的人说一帆风顺的人生往往是平庸的人生？原因是在顺利的环境下，一个人的心智很难得到成长。但是，一个人的心智却会在经历挫折以后逐渐趋向成熟。

然而那些拥有僵固式思维模式的人，他们一直认为人的能力是固定不变的，所以他们逃避失败和挫折，把自己小心翼翼地包裹在自己的舒适区里，最后，他们会错过那些使他们成长的机会。其实，他们最该做的是把每一次失败和挫折都当成一次成长的机遇，告诉自己：那些没能把我“杀死”的挫折和失败，必定会让我变得更加强大。

第三，一定要相信“越努力，越幸运”的人生哲理。

比如，我接到一位销售员打来的电话：“您好，请问您有兴趣了解一下某某地方的黄金商铺吗？这些商铺的投资回报率非常高……”

和很多人一样，对方话还没有说完，我便匆忙挂断了。但是你要知道，在这个世界上，一定会有人耐心地听完对方说的话，然后真的会去考察商铺或者买下，要不然，世界上早就不存在电话销售这个行业了。

如果销售人员也是有着僵固式思维方式的人，那么他们会把客户的拒绝看作是对自己的否定，一段时间过后，他们就被打击得失去信心，最后只能选择离开这种压力大的行业。

因此，一个拥有僵固式思维方式的人要想转变成成长式思维方式，就应坚信“越努力，越幸运”的人生哲理。这个道理非常简单：一个人成功的机遇一定会随着他尝试次数的增多而提高。

固执不等于坚持，认知能力匮乏才不懂变通

陈义出生在一个偏远的小山村，是他的家族中唯一一个高中生，他觉得，上大学是他改变命运的唯一机会。陈义在城里上学，平日里很少回家，但是每次周末假期回去，都可以感受到全家人的期盼。

陈义清楚自己不是读书的料，尽管他读书非常用功，但是他的记性不是特别好，头脑也不是很灵活。对于理科的学习，其他同学只需要记几个公式，做几道题就基本掌握了，但是他要花上很多的时间才能弄明白。相比读书，他更愿意回家帮家人干农活。

背负着整个家族的期盼，陈义参加了高考，但是结果却不尽人意。陈义觉得没有颜面面对家人和村里的父老乡亲，他想要复读，但是复读一年高昂的学费和宝贵的时间让他望而却步，更重要的是他不想再走进学堂了。回到村里之后，他天天窝在家里不想出门，茶饭不思，对自己的未来感到十分担忧。

看着儿子的状态越来越差，陈义的母亲决定和儿子谈一谈。尽管陈义的母亲只是一个农民，没有怎么出去看过外面的世界，但是她的思想却

非常开通。她对儿子说：“陈义，妈妈清楚你不喜欢读书，那就不要为难自己了，人生不只读书一条路，可以做的事情还有很多，就看你愿不愿意去做了。”

虽然陈义还没想清楚自己可以干什么、应该干什么，但母亲的话让他心里非常感动。母亲对他说：“咱们村这两年大豆的收成都非常好，可是销路却不怎么样，你在城里读了几年书，对那边比较熟悉，不如想办法帮这些大豆寻找销路，也算是为父老乡亲做些好事啊。”

母亲的话让陈义恍然大悟，他一下子似乎精神了不少，简单收拾了一下行李就进城去了。当然，事情并没有那么简单，陈义找了一家农副产品销售公司，可是人家的手里还有很多大豆销不出去，因此他们也没有多大兴趣。

经过了一番思考，陈义觉得自己的思路还不够宽广，大豆其实有很多用途。因此，他在网上搜索了很多信息，其中就有一条新闻，有一家新成立的食品公司，以绿色生活为经营主题，经营状况非常理想。于是，陈义鼓起勇气联系了这家企业的主要负责人，阐明事由，对方对他介绍的情况非常感兴趣，计划和他一起做一下实地考察。实地考察之后，对方企业觉得陈义村里的大豆质量非常好，打算大批收购，制作成健康绿色的大豆饮品销往全国。

后来，陈义成为了这家企业的核心成员之一，主要负责原材料的选择和采购工作。

所以说，不能在一棵树上吊死，不能一条路走到黑。找工作遇到了困难，不妨换一个角度去做选择；搞研究遇到了瓶颈，不如多听听别人的意见，拓展自己的思路；搞创作遇到了难关，不妨多看看别人的作品，寻找一些灵感；感情出现了危机，想一想是不是自己过于纠结，是不是应该给彼此更多的空间。

不要和自己过不去，不必纠结于痛楚，和自己和解吧。就像老舍先生曾说的那样，一本书写不下去了，就换一本再写，新事物是层出不穷的，何必在一棵树上吊死呢？有人开玩笑说，森林有一整片，就算真的打算吊死，也不妨多找几棵树看看。

理智的人懂得主动去适应这个社会，不理智的人才非要这个社会去适应自己。人不要活得太纠结，要懂得变通，看不清前方的路时，懂得变换方向；方向走错了，懂得及时回头；如果觉得自己失去了难得的机会，失去很多曾经的美好，那么停下来问自己一句，我们真的别无选择了吗？

困难来临时，不要先被自己打败

齐奥尔科夫斯基被称为“苏联火箭之父”，在十岁那年，他感染了猩红热，连续几天高烧不退，治疗后却又发生严重的并发症，几乎完全失去了听力。对于同龄人的嘲笑和失学的痛苦，他只能在心里默默忍受。齐奥尔科夫斯基的父亲是一位守林员，每天都要各处奔走去工作，他的妈妈自然而然担负起教他读书学习的任务。在他妈妈耐心的讲解和教导下，齐奥尔科夫斯基的学习有了非常大的进步。正当他满怀信心地自学时，他的妈妈却因病去世了。这个突如其来的重大打击，使他非常痛苦。他想不通，为什么自己的生活这样艰难？为什么他的人生有这么多不幸？他失去了方向，不知道以后的路该怎样走。这个时候，他的父亲拍着他的肩膀告诉他：“孩子，人活着就要有志气，你要靠自己的努力活下去。”

从此，年幼的齐奥尔科夫斯基开启了真正的自学模式。他读完了小学、中学和大学的全部课本，自学了物理、化学、微积分、解析几何等课程。就是这样的一个人，他身患耳疾，没有受到过任何教授的指导，没有进过中学和大学的校门，仅仅凭着自己坚持不懈的勤奋自学和刻苦钻研，最终却成了一个学识渊博的科学家，为火箭技术和星际航行奠定了理论基础。

俗话说：“世上无难事，只怕有心人，没有翻不过的山，也没有越不过的河。”正是因为世界上大多数人不相信自己，于是才出现了“困难”一词。

一些成功学研究者曾经分析过，很多人之所以失败，是因为缺乏自信，自己成了自己成功路上最大的绊脚石，并非是天不时地不利，更不是自己能力不足。很多人不相信自己的能力，认为自己什么也做不了，对自己的身材和容貌也不满意，和人交往时，常常会紧张和尴尬，只会一味地顺从别人。事情一旦失败，他们就会觉得自己不够聪明，然后责备和嫌弃自己。有的人缺乏安全感，总是怀疑别人，戒备他人的一举一动。有的人在工作中缺乏胆量和气魄，甘心当配角。还有的人喜欢扬长避短，夸张表现自己的长处和优点，用来掩饰缺点和不足……对这些人来说，他们真正的敌人就是自己。

很多人对于自己的失败讳莫如深，还有些人一谈到失败就如惊弓之鸟。事实上，失败没有什么可怕的，真正可怕的是不敢承认自己的失败。在人生旅程中，遭遇失败是再正常不过的一件事情，重要的是怎样面对失败，如何做到反败为胜。如果只是因为一时失败，便萎靡不振，那么实际上，将你打败的不是失败本身，而是你那颗失败的心。

很多时候，我们做不成某些事，究其原因不是没有做事的能力，也不是什么客观条件达不到要求，而是被自己内心的想法限制住了。“天行健，君子以自强不息。”世界不停地发展，社会不断在进步，所以说，有志向的人一定要不断地自强和肯定自己。

那么现实生活中，我们如何才能做到克服困难，不被自己打败呢?

1. 向自己提问

遇到困难并不重要，分析困难并且找出出现困难的根源才是最重要的。尽量不用“为什么”作为提问的开头，比如“为什么我的身上总是发生这种事？”或者“为什么我没有别人那么幸运？”，可以采用“是什么”为开头提问题，比如“是什么妨碍我利用我的智慧和能力去创造财富？”“是什么导致我没有良好的人际关系？”这样提问有助于我们找出自身存在的不足，为下一次成功积累经验。

2. 不轻言放弃

现实生活中很多例子告诉我们：坚持不懈的努力，不轻言放弃的韧劲，是一个人开启成功大门的钥匙。在大灾大难面前，它能够挽救人的生命，它能够让失败的人一次次站起来，走向成功。这个世界上，没有任何东西可以取代坚强的意志和永不言弃的决心，不管你已经失败了多少次，只要你继续站起来，你就没有失败。

3. 直面困难

人生中会遭遇各种各样的困难和挫折，面对这些困难和挫折，你是选择逃避还是选择积极解决？一旦你选择了逃避，那么困难就会接二连三地袭来，直至将你打倒在地。所以，我们一定要勇敢地直面困难。对于生活在现实中的我们来说，勇敢面对困难，接受挑战，理性客观地看待它们，问题才能得到解决，将来遇到的障碍才会减少，那么你就会比别人更早一步接近成功。

4. 记住，方法总比困难多

事实上，不管你要做多少事，那些事做起来又有多难，方法一定是比困难多的。比如，我们饿了要去餐厅吃饭，去哪家餐厅吃，我们有很多很多的选择：川菜、湘菜、粤菜……总是能够选一个自己喜欢的地方享受美味，所以遇到困难不要气馁，处理问题的方法有很多种。

5. 把困难当成考验

每个人的人生都不是一帆风顺的。不要怕遇到困难，要把困难当成是对自己的考验和磨砺。或许你无法解决掉每一个困难，但是在克服困难的过程中，你的心智、经验和胸怀等都会有所成长，“不经一事，不长一智”说的就是这个道理。当你以后再遇到困难时，这些都是有帮助的。你学到的经验和教训，会让你在以后少走很多弯路。你在克服困难时所积累的信心和经验也会成为你人生中最宝贵的财富。

面对孤独，好好爱自己

这里，我讲一下自己的亲身经历。从我家到我工作的地方，单程路上需要花两小时的时间，意思是说，我每天花费在路上的时间是四小时。

有时候，我还会在办公室值班或者上选修课，课程结束之后我马不停蹄地往家走，将近晚上十点钟才会到家。

自从儿子出生以后，我的心里又多了一份牵挂。大多数时候，即便我下班就往家赶，当我到了家之后，两岁多的儿子也还是已经睡了；等到第二天，来不及等待儿子醒来，我就又要起早出门去赶地铁。

因为总是没有时间和儿子好好说会儿话，不能好好陪他玩一会儿，我的心里经常感到惆怅，这时，我只能自我安慰：至少每天晚上，我还陪在儿子身边好好睡了一觉。

考虑到家和学校之间的距离，还有我越来越忙碌的工作，和家人商量之后，我决定申请住校，一般情况下到周末再回家。

于是，不能回家的时候，我需要面对的一个问题是：每天下班后，如何打发孤独的时光。

我的生活变成了这样：下了班去寝室换衣服，换完衣服去操场运动，之后去餐厅吃饭，最后再回到办公室学习或者写作，然后就回寝室睡觉。

我的性格天生内向而敏感，这个时候这种性格的劣势更表现了出来，那种一个人生活的孤独感如同一股强大又深沉的背景音乐，充斥着我的生活。

开始的时候，我的内心非常排斥和恐惧这种孤独感。为了排解孤独，我表面上说留在办公室是为了好好读书学习，事实上，我把大量的时间花费在用手机看新闻，或者看各种趣味视频上。

在没有任何目的地玩一两小时手机之后，我的内心充满了一种无法用语言表达出的空虚感。

有的人排解孤独的方式是去谈恋爱。有个学生跟我说过，因为觉得一个人太孤独，他就和一个女孩谈恋爱，两个人在一起只是为了打发无聊的时光，并没有恋爱的感觉，也不会考虑以后是否要结婚，在我看来，这真的是一件很不可思议的事情。

这个学生还一本正经地跟我说：“不在寂寞中恋爱，就在寂寞中变态。”

实际上，这种观念是非理性的，它不妥的地方在于他们把孤独当成了寂寞，还把孤独归为一种不好的感觉。

蒋勋的《孤独六讲》改变了我对孤独的认知。蒋勋在这本书中写道：“孤独并非寂寞。孤独和寂寞不一样：寂寞会发慌，孤独却是饱满的。”“孤独没什么不好。使孤独变得不好的，是因为你害怕孤独。”

我感觉这短短的两句话，散发着无限的睿智光芒，我反复读了好多遍。

当孤独出现的时候，一个害怕孤独的人可能通过走捷径转移自己的注意力。他们也许会玩手机，玩游戏，或者随便谈一场没有意义的恋爱，这些都会让他们远离饱满的精神世界。

事实上，一旦停止这些外在刺激，他们立刻就会陷入精神上的空虚。

经过很长一段时间和“孤独”相伴，我渐渐地发现，其实孤独不是一件坏事，并且，我逐渐开始认为，如果一个人能长期忍受孤独，才能真正走向成熟。

首先，当“孤独”出现的时候，我们要学会和自己相处。

蒋勋在《孤独六讲》中写道：“我一直觉得，孤独是生命圆满的开始，没有与自己独处的经验，不会懂得和别人相处。所以，生命当中第一个爱恋的对象应该是自己。写诗给自己，与自己对话，在一个空间里安静下来，聆听自己的心跳和呼吸，我相信，这个生命走出去时便不会慌张。”

其次，即使孤独，我们仍然要保持生活的质感。

之前我一个人在学校生活，吃饭上我总是很马虎。每次吃饭都去食堂随便买点饭菜凑合一顿，当时总想着等周末了再回家改善生活。

后来我便想通了，一个人首先爱恋的人应该是自己，要对自己好一些，即使一个人生活也要有质感。所以下班以后，我就去学校对面的商业广场吃些自己喜欢的食物。慢慢地我知道了在学校附近，哪些餐厅可以吃到最好吃的蛋炒饭和最正宗的羊肉泡馍。

一个人吃些自己喜欢的饭，这是孤单感给我带来的一种尊荣感。这和两个人一起吃饭不一样，两个人吃饭需要去考虑或者迁就另外一个人，一个人只需要安静地享受美食就可以了。

最后也是最重要的一点，如果遇到孤独的时候，正好是我们可以全身心提升自己的时候。

每当孤独的时候我都会提醒自己，这是提升自己最好的时机，只有在孤独的时候尽全力提升自己，才能让自己以后融入人群的时候更加从容和自信。

所以，后来当感到孤独的时候，想玩手机，或者随意打发时间，我就会告诫自己：不能把这些宝贵的孤独时光随意挥霍掉，要不然真的是白白经历了这些一个人的苦闷，最后还无法把它变成在人群中闪耀的资本。

我逐渐把自己的下班时间安排得井井有条。例如：从下午四点到六点，我运动完去吃晚餐；从六点到八点的时间，我用来读书和写作；八点到十点，我放松心情和家人视频或者聊天；十点以后，我便准备读书或者写反思笔记，之后准备睡觉。

我发现当我好好利用这些孤独的时光，我变得更加优秀了。

在上面的内容里，我为“孤独”做了美好的定义。但是毋庸置疑，每个人都有社会性的一面，我想没有人喜欢过一辈子孤独的生活。我真正想说的是，我们其实可以用更加积极乐观的心态去接纳那些不得不面对的“孤独”。

面对孤独，我们可以试着与自己对话，好好地爱自己，激励自己进步，只有这样，孤独才能变成一种让人精神饱满的东西。

保持快乐，谨防传染坏情绪

心理学上，有一个“踢猫效应”：有一位父亲，由于在公司受到了老板的批评，所以当他回到家看到在沙发上来回蹦跳的儿子时非常生气，于是把儿子大骂了一顿。他的儿子莫名其妙被骂心里也十分窝火，就踢身边的猫撒气。猫受到惊吓逃窜到马路上，这时正好有一辆卡车开过来，卡车司机为了避让这只逃窜的猫，撞伤了路边的孩子。这个心理学效应展示的正是一种典型的坏情绪传染。人们的坏情绪和糟糕的心情，往往会跟随他自身社会关系的链条逐层传递，一般情况下，这种传递都是由地位高的人传向地位低的人，由强势的一方传给弱势的一方，最终的牺牲品便是那些无处发泄的最弱小的一方。事实上，严格来说，这属于一种传染性的心理疾病。

如果我们把踢猫效应中的父亲、孩子、猫、司机看作是一个人的不同状态，那么，我们就可以清晰地看到，一个人的坏情绪是怎样传染、累积和不断加深的。有的人最后完全沦陷在坏情绪中，因为他们总是一次次地将坏情绪传染给自己，打破自己的心态平衡，最后被坏情绪包围。就像把一个萝卜一直泡在醋缸里，萝卜最后一定会变成酸的。

我们举个例子。阿微在一家大型企业担任中层领导。这个月发工资的时候，她发现自己的工资少了几百，于是去人力资源部询问。但是人力资源部的回答却让她有些苦恼，他们说："公司规定，上班时间，由于表情不佳，影响部门员工工作情绪的要扣钱。"

阿微突然想起来了，在上个月中层以上部门经理开会的时候，总经理说过：根据曾经的一份调查，如果在办公室中，领导总是愁眉苦脸，员工就会有很大的心理压力，工作效率也会直接受到影响。这就是所谓的"老板不笑，员工烦恼"。因此，为了给员工营造轻松愉快的办公环境，中层领导以上的员工一律都要保持良好的表情。

阿微当时并没有把这个规定放在心上，还以为领导只是随口一说。她平时本来就很少笑，偶尔还会发脾气，所以当她询问人力资源部时，人力资源部给她出示了证据。"在 7 月 23 日的部门会议开始前，员工们看到阿微经理的面部表情严肃，有七八名员工站在会议室门外，不敢进入，这导致员工们的心情都非常忐忑。"这段话是部门员工的举报，像这样的举报，阿微经理在 7 月份共遭遇了 12 次，所以被罚款。

阿微从没想过因为自己不爱笑会给同事们带来这样的影响，这是一种非常不好的情绪传递。

或许你会觉得这很新鲜，就因为不喜欢笑，传递了不好的情绪给同事就要被罚款。实际上，它表明了情绪传染的重要性，第一，企业现在已经开始重视员工的心理建设，各种研究表明情绪也是一种生产力。第二，一个人有什么样的情绪不仅仅是个人的事，它会影响到别人也会受别人的影响。

1930 年，美国正处于经济大萧条时期。

当时在美国国内，有近 80% 的旅馆倒闭，希尔顿旅馆也生意惨淡，欠下大笔债务。

作为旅馆的老板，希尔顿把所有的员工都召集起来，对他们说："现在处于经济不景气的时期，但是未来一定会好的，请大家一定不要总是满面愁云，我们给顾客的永远都应该是微笑。"

最终奉行这种"微笑精神"的希尔顿，在旅馆行业成了大赢家。

美国的经济一复苏，希尔顿的旅馆马上火了起来，希尔顿又对他的员工说："如果仅仅有一流的设备，却没有一流的微笑，就像是没有阳光的花园，要是让我选择，我更愿意住在地毯破旧但是充满微笑的旅馆，而不愿意去住拥有一流的设备却不见微笑的地方。”

现在，希尔顿这一品牌在全球旅馆业的名声最为显赫，希尔顿集团也已经拥有数十亿美元的资产。那些困难时期的微笑，最后竟成了希尔顿发展的动力和财富。

加利·斯梅尔是一位美国的心理学家，他经过长期的研究发现：如果让一个心情舒畅，性格开朗的人和一个眉头紧锁，抑郁满腹的人相处，那么很快，前者的情绪也会变得不好。如果一个人的心思过于敏感又善于同情别人，那他就会很容易被坏情绪传染，很多时候，这样的传染也许他自己都没有发现。

另外一位美国的心理学教授也通过研究证明，一个人受到别人低落情绪的传染只需要 20 分钟。在人和人交往中，一个人的情绪是非常容易传染给其他人的，如果是你喜欢和同情的人，你就更加容易受到那个人的情绪的传染。

对于那些经常把坏情绪传染给家庭成员或者办公室同事的人，应该怎样进行诊治呢?

最重要的一点是让自己快乐起来，把消极情绪污染源变成积极情绪的传播源。那么可能有人会说，生活中总会有特别多的烦心事，我真的没有办法高兴起来。

曾经有这样一个心理咨询所，是一对夫妻开办的，这个心理咨询所的生意非常好，预约咨询的人都排到了几个月之后。大家喜欢他们的原因非常简单，他们夫妇主要做的引导就是让每一位咨询者回家练习这一门微笑的功课：当电梯门马上要关上的时候，有个人为了等你按住了按钮；收到远方朋友来信的时候；新的发型被人称赞的时候；下雨的夜里发现回家路上坏了很久的路灯被修好了；当你走过来时，清洁工为了不扬起灰尘，停下了手中的扫帚……面对生活中所有的这些小小细节，都要去微笑一下，把这些当作生活送给你的礼物。那些按照这对心理医生夫妇要求去做的人发现，基本上每天都能轻易找到很多微笑的理由。久而久之，夫妻的感情越来越好，和上司或者同事的关系逐渐缓和，那些过得不顺心的人也开始憧憬明天了。总而言之，他们传播出去的快乐心情，都有了令人惊喜的回报。

请牢牢记住，情绪是会传染的，多给自己的快乐找找理由，不要给那些消极的事情找借口。

事实上，如果你想哭，生活中总有很多事情能让你哭，但是你如果想笑，那所有的事也都有值得微笑的一面。每个人都希望和自己在一起的人是乐观开朗的，不要让自己成为别人不喜欢的“哭丧脸”。

找出问题症结，不要随便动怒

在世界的各个角落里每时每刻都发生着这样的情绪流动：在马路上因超车而剐蹭、争抢停车位相互辱骂、看不起上司只邀功不揽过的闷气、领导的迁怒、老师对学生恨铁不成钢的怨气……这些一点就燃的怒火，是不是很熟悉？

你会经常生气吗？如果你的回答是肯定的，那么我建议你把自己的“情绪温度计”找出来，与自己的怒气对话，并彻底把它赶走。一个人经常生气就像是不停地感冒，时间长了，一定会严重影响自己的工作或生活。

有这样一位女士，她各个方面条件都很优秀，但是结婚以后，她就对“外遇”格外敏感，特别是随着容颜变老，她的内心变得越来越不安，她对丈夫的限制也越来越多。

在办公室，她经常看那些眼神灵动的女孩特别不顺眼，她总是认为那些女孩会勾搭有妇之夫，非常讨厌她们。

她还总喜欢生闷气，虽然别人并没有招惹他，但她就是不喜欢别人，稍微不顺心就会生气，连她自己也说不清是什么原因。一天发生了一件事情，这件事让她开始反思自己，她终于发现了内心深处恐惧的根源。

那天，一向温和的她因为看不惯同事凡事都要邀功，自以为是的样子，在公开场合把这个同事一顿大骂。

事情过后，她决定分析一下自己为什么会在公开场合发火，那天的情绪为什么如此反常，她想找出那样做的意义。她自问自答："他的行为和自己没有任何关系，我为什么会生气？"接着又问，"有很多不合理的事情，为什么自己对这件事这么在意？"

这位同事一直非常勤快，他只是喜欢表现而已。可人家究竟对自己有什么影响呢？

从自己的自问自答中，她分析出了：在她的成长过程中，她受到的教导都是告诉她要谦虚，她内心深处想要表现自己、赢得赞赏的本性一直被压抑着，当她遇到那些跟孔雀似得爱炫耀和喜欢邀功的人，她就深受刺激，于是她愤怒、眼红，总觉得不公平。之后，每次生气，她都会对自己有更深的了解。经过不断地和自己对话，找到了生气的根本原因。从此以后，她再也没有发过那样大的脾气。

想要知道发怒的根本原因，那么在和自己对话的时候，一定要足够诚实和勇敢。因为只有真正了解发怒的真相，才不会掉入“讲道理”的陷阱。

但是，有时非常愤怒，没法压制，又该怎么办呢？很多专家建议从生理的角度来改变生气的状态：

1. 闭上嘴，因为盛怒时人的舌头就像一把利剑，容易把人刺伤。

2. 深呼吸，让自己的心跳、血压回到正常状态。

3. 离开现场，找个安全的地方，做些肢体运动。

4. 盛怒时去照照镜子，也许看到自己满脸怒气滑稽的样子，会忍不住笑出来。

平时，你可以把情绪记录下来，每天分时间段进行记录，把发怒的原因也写下来，这个习惯能帮助你察觉和检测自己的怒气。

把情绪温度表设定成 0 ～ 10 分，一天的时间分成七个时间段：比如，早上抢停车位失败，和部门经理一见面就争吵了一番，这样就给自己 2 分。

当对自己的一天情绪的起伏变化有了深入的了解后，去查找原因，同时问自己，比如，为什么会给 8 分？哦，原因是下午三点的时候，当听到窗外小鸟叽叽喳喳的叫声时，我感觉非常愉快。参加这个情绪管理营的每个人都要诚实记录，最终发现一个人每天的情绪起伏受到外界环境和他人的影响非常大。记录时间长了之后，自然就会有细微的察觉能力，在生活中即便是最细微的情绪波动，也不会放过。

利用这个方法，能清晰地掌握生气的时段和原因。如果马上要进入情绪高温区，就可以提前做准备，告诉同事和家人暂时离开自己，免得被迁怒受伤。

首先找出自己的情绪温度，然后进行自我对话，最后找出问题的关键，从高处看人生的挫折，才能真正做到不动怒。

不浮躁、不焦虑，才能踏实做事

随着现代社会的快速发展，人们的压力也在不断增加，种种压力下人心容易变得浮躁，浮躁已几乎成为现代人的一种通病。人一旦产生浮躁的情绪，心中的各种欲望就会蠢蠢欲动，导致心绪难平，甚至彻底失控。因此，在生活中想要保持平静的心情，就需要不断地反省和约束自己，摒弃心中那些不安分的想法，拭去心灵上的浮躁，只有这样才能够获得快乐和幸福。

古代的时候，有一个叫养由基的人，他非常擅长射箭，据说能够做到百步穿杨。还有一种更夸张的说法是，林中的动物都知道他箭术高超，所以，他每次出现在森林中，动物们都被吓跑了。有一次，两只猴子抱在一个柱子上玩耍，其他的弓箭手对着它们张弓搭箭想去射杀，但是这两只猴子毫不在意，不仅没有停止玩耍，还对人们做鬼脸。这时，养由基走过来，猴子们一看到养由基赶紧逃跑了。

一个年轻人非常仰慕养由基的箭术，想拜他为师。养由基看在年轻人再三请求的面子上，答应收他做徒弟。开始的时候，养由基没有先教他射箭，而是给他拿了一根特别细的针，让他放在离眼睛几尺的地方，盯着这根针的针眼看。前两天，年轻人还按照养由基说的，一动不动地看针眼，但是第三天的时候，他便忍不住了，心中开始浮躁，问养由基说："我拜你为师，是想跟你学习箭术，你却整天让我看针眼，什么时候才能教我学习射箭呢？"

养由基平静地回答："你现在所做的事情就是在学习箭术啊！你继续学习吧！"

年轻人在坚持了几天后又开始烦躁起来，他心想："让我天天看针眼能看出什么来？我看他并不想真心教我，只是在敷衍我，看来他也只是徒有虚名而已。"

之后，养由基又教他练习臂力的方法，让他在手掌上放一块石头，再伸直手臂，坚持一天这样的动作。年轻人不明白养由基的用意，也不愿意配合做，于是在心里抱怨道："我是来学习箭术的，为什么让我端着石头呢？"他的心里非常不痛快，不愿意再继续练习下去了。养由基也看出了他的心思，认为这个年轻人过于浮躁，不是练习箭术的材料，便由他去了。后来，这个年轻人离开了养由基又去找别的老师学习箭术，但是最终也没有取得什么大的成就。

其实，如果这个年轻人当时能够踏踏实实，按照养由基的方法从基础做起，而不是好高骛远，那他也有可能会成为一名射箭高手。但是，他急于求成，并没有坚持训练，只是抱着一种急功近利的态度去学习，在这种浮躁的心态下，自然很难学到精湛的技术。

不烦不躁，从容生活，这也是人生的一种境界。现实生活中也是如此，在我们遭遇困境的时候，一定记住，不要心浮气躁。人在心浮气躁的时候，会看什么都不顺眼，做什么都不顺利，是很难办成事情的，因此，我们想要有好的情绪，就一定要远离浮躁这种消极的心态。

不要让悲观情绪吞噬你的心灵

如果按照情绪划分，那么人可以分为乐观和悲观两种。乐观的人每天都会充满自信，神采奕奕。而悲观的人总是怀疑自己，看不到未来和希望。

悲观的人总会为自己的悲观态度找借口，他们总是说“我的运气不太好”“我的家庭条件不好”“我出生的环境不好”。时间长了，他们还会对自身产生怀疑。那时，他们就会说“是我不够聪明”“我的容貌不够漂亮”“我的性格不够好”“别人都比我好”“我这辈子就是这样悲惨”。

人一旦产生了这些悲观的情绪，那么他们在生活和工作中就很难产生热情，然而热情恰恰是促使人积极进取的一种动力，也是衡量一个人在事业上能否有所作为的重要标准。

有一位父亲想对自己的双胞胎儿子进行“性格改造”。于是，他给一个儿子买了很多漂亮的玩具，又让另外一个儿子待在装满马粪的车库里。

过了一天，得到漂亮玩具的儿子哭泣不止，父亲便问他：“怎么不去玩那些漂亮的玩具呢？”

孩子哭着说："我怕那些玩具玩了就会坏掉。"

父亲无奈摇了摇头，当他走进车库却看到另外一个儿子正在兴致勃勃地从马粪堆里掏东西，看到父亲，那个孩子满脸开心地对父亲说："爸爸，我在想马粪堆里是不是会藏着一匹小马呢？"

实际上，人和人之间所处的环境和他们本身的遭遇并没有好坏之分，问题的关键在于怎么看待所处的环境和遭遇。悲观的人和乐观的人的区别就在于对待这个问题的看法。两个人同时在沙漠中行走，他们都非常口渴，他们的背包里都只有半杯水。一个人会因为还有半杯水而感到庆幸，但是另外一个人却因为只有半杯水而心生抱怨，这就是二者的区别。

一位心理学家曾经做过这样的试验，他让学生们给陌生人打电话筹集捐款。当他们各自打了几次电话但都没有结果的时候，悲观的学生就说："我做不了这样的事情。"乐观的学生则说："我需要换个方法试试看。"所以，这位心理学家认为：一旦人有了失望的情绪，那他也就不会去钻研其他能获得成功的技能了。

乐观者会成功的原因是，当他们遇到事情出现差错的时候，他们的做法是全力找出差错的原因并且及时止损，他们坚信通过自己的努力能让事情转向成功。而悲观者遇到同样的事情，只会不停地怨天尤人，他们认为成功才是一时的侥幸。悲观就是成功路上的有害细菌，它会不停地滋生扩散，最后，人的心灵就会彻底笼罩在这种阴暗下，从而丧失了进取的动力。而乐观就像是晴朗天空中的阳光，它会向人们散发出无限的激情和勇气。

因此，我们要成为一个乐观的人，千万不要让悲观吞噬你的心灵。

要知道上帝为你关上一扇门，必然会为你打开一扇窗。把悲观的情绪清理掉，你的心情才会慢慢变得快乐而美好。拥有快乐心情的人一定是幸福的人，也会得到别人的喜欢。

心情好坏完全由自己决定

据说，在古代历史上，所罗门王是最明智的统治者。史书记载了他说过的一句非常有道理的话："一个人的心思是什么样的，他就是什么样的。"意思是说，一个人拥有的心态，决定了他成就的大小。

一个人心情的好与坏完全是由自己决定的。你可以决定悲观和忧伤，也可以决定乐观和快乐。同样的道理，一个人是自卑还是自信也是由他自己决定的。

那么，每天早晨睁开眼，你会选择用怎样的心态去迎接新的一天呢？你的想法或许是"真是可怕的一天，我又要去为了生活奔波和工作了"，又或者你会想"真是一个愉快的早晨，今天一定是个美好的日子。"

心情不同，呈现在我们眼中的世界也是不同的。"感时花溅泪，恨别鸟惊心"呈现在悲观者的世界里，"若无闲事上心头，便是人生好时节"呈现在乐观者的眼前。

事实上，世间万物早已存在，当你怀着舒畅的心情去欣赏他们，快乐的神情自然而然会出现在你的脸上，同时你的心中也会充满幸福感。

如果一直没有快乐的心情，你就需要先改变自己的思想。当你的心中被愤懑、怨恨、自私或者灰色的思想填满的时候，快乐就被阻挡在了门外。这时，你需要做的是改变自己的精神状态，用积极乐观的态度看待生活，只有这样你才会真正获得人生的乐趣。

美国作家艾默生在每天晚上睡觉前都会对自己说："时光一去不复返，每一天都要尽力完成自己该做的事情。尽快忘掉那些不可避免的疏忽和荒唐的事情。明天又将是新的一天，你要做的是振作精神，重新开始，不要背着过去的包袱走向未来。"

艾默生很清楚，用悔恨来结束一天绝对是一种愚蠢的行为。所以，他要做一个关门的人，在每一天结束的时候把门关上，将一切关在了门外。

曾经担任过英国首相的劳合·乔治也是这种做法。一天，他和好友散步时，当经过一道门时，他便顺手把门关上。他的好友看到后对他说："你不需要把这些门关上。"

乔治却回答："哦，当然需要，我的一生都是这样做的，这是我必须要做的事，每次当你关门时，过去的所有也会被你关在身后，之后，你就可以重新开始了。"

学会往前看是成为一个快乐的人的必要条件，把过去的不愉快和痛苦统统忘记，努力朝着未来的目标进取。

不要总是揪着那些已经发生的不好的事情，要学会放下，把懊悔关在门外。因为已经发生的事情，无论你如何想它，它都不会有任何改变，想它只会徒增烦恼，浪费时间。不要让今天和未来的日子都在悔恨中度过，抓紧时间去做些其他有意义的事情吧。

为了以后的人生更加丰富多彩，今天开始，你可以制定新的计划和目标。不要再为昨天的失误而悲伤难过。否则，明天的你就会为今天的颓败而懊悔。

当然了，我们要吸取昨日失败的教训，未来不要再犯同样的错误。我们说的把“昨天”关在门外，是说我们要尽快走出过去的阴影中，而不是把失败的经验和教训也关上。只有这样做，才能保证我们有饱满的激情和斗志去迎接明天。

习惯性地察觉出自己情绪的变化，同时能够根据所处环境积极调整自己的心态，做出合适的反应，这也是一个人高情商的体现。

允许自己想做好，也要允许自己做不好

面对同样一件事情，有的人能够轻松潇洒，应付自如；而有的人却焦头烂额，力不从心，这是什么原因呢？实际上，那些轻松自如、洒脱淡定的人，并不是由于他们做事无可挑剔才有所成就。而是在很多时候，他们懂得把握“进退”的界限。在面临“不可再进”的情形时，他们没有较真，或是选择退后一步看看，或是换另外的角度想办法让自己前进。

没有人不想让自己做得更好，可心想事成只是美好的愿望，希望会给我们带来动力，但绝不应变成压力。要知道，世上难有最好这回事，完美主义是对自己最大的折磨。既然如此，为什么不能放过自己呢？不和自己较真，就会让我们的人生省去很多纠结。

有一位登山运动员参加了攀登珠穆朗玛峰的活动。我们都知道，珠穆朗玛峰最高海拔为八千多米。这位运动员在爬到六千多米的时候，身体出现了不适，因此，他思考之后果断决定放弃攀爬。他的朋友都对他没有爬到峰顶感到遗憾，有的说：“你都已经走了一多半了，放弃真是太可惜了！”还有的说：“如果你再咬牙坚持坚持，也许就能够上去了，要知道，很多人都是梦寐以求站在珠穆朗玛峰上啊！”

面对众人的惋惜，这位运动员却不以为然，他平静地对朋友们说：“其实，我的心里很清楚，攀爬了六千多米对我来说已经是我登山生涯的最高点了，我当时的身体状况，已经到了极限。要是我还坚持爬，很有可能会丢掉性命。我不会拿自己的性命开玩笑，所以，对于放弃攀爬，我不会感到任何的遗憾。”

这位运动员的话非常有道理，他的做法也值得我们思考和学习。我们允许自己树立目标，允许自己为之努力，为什么不能允许自己不够好呢?

在我们到达一定程度的时候，如果已经无法再前进，或者再前进有可能造成无法挽回的结果，不妨退一步。退一步，才是明智的选择！换言之，每个人做事的能力都会有一个极限，我们不能拽着柳树要枣吃，也不能明知山有虎偏向虎山行。虽然常说，突破自我很有必要，但是这种突破不能建立在无知和鲁莽的基础上。美国前总统林肯曾经说过：“自然界里的喷泉，它喷发的高度不可能超过它的源头。”这句话是说，事物本身有突破口，但不是说所有人都能穿过突破口，创造极限，每个人都有自己的最大承受力。像上面说到的那位登山运动员，他很清楚自己生命能够承受的极限，所以泰然自若地做自己能够做的事情。他挑战了自己，从这个角度来看，他也是一个胜利者。“当行则行，当止则止”，说的也是这个道理。

当我们遇到类似这种事情的时候，聪明的做法是应该也像上文运动员做的那样：及时了解自己的能力，承认自己的不足。在这个基础上，再去量力而行，不鲁莽，也不留遗憾。

格雷格·洛加尼斯在幼年的时候非常害羞，再加上他说话有点口吃，因此在演讲和阅读方面并没有什么优势，还曾经被列为差学生。

但是，洛加尼斯是一个聪明的孩子，还在上小学的时候，他就发现自己的运动能力非常强，这是他特有的天赋。清楚认识了这一点，洛加尼斯不再那么自责，他开始专注于舞蹈、杂技、体操和跳水方面的锻炼，自身的天赋再加上坚持不懈的锻炼，洛加尼斯竟然真的在各种体育比赛中崭露头角。但是，在洛加尼斯上中学后，他发现自己有些力不从心了，因为无论是舞蹈、杂技、体操还是跳水，每一个项目都需要坚持付出才会有卓越的成绩，他没有充足的时间和精力同时做那么事，这些事情他只能做到及格，离优秀还很远。

后来，洛加尼斯经过恩师乔恩的指点，认识到自己在跳水方面更有天赋，因此决定只保留了跳水的锻炼，并开始接受跳水的专业训练。

经过多年的坚持不懈和努力训练，洛加尼斯终于在跳水方面取得了骄人的成就：十六岁成了一名美国奥运会代表团的成员，二十八岁时，他已经获得了六个世界冠军、三枚奥运会奖牌、三个世界杯和许多其他奖项。1994 年，美国奥林匹克运动委员会向洛加尼斯颁发了杰出运动员勋章。洛加尼斯没有执着于全面发展和自己较劲，而是选择了一个长项。可以想象，洛加尼斯如果在多方面和别人竞争，那他很可能只是一个普普通通的人。所以，我们才说洛加尼斯是幸运的，他的幸运正是建立在自己懂得退让、懂得取舍的基础上。

因此，不管我们身在职场，还是驰骋商界，一定不要太和自己较真，合适的时候退后一步，也许就能够发现其他的可以前进的道路，任何时候都要记住“条条大路通罗马”。我们只有最大限度地把自己的优势发掘出来，才会事半功倍，才会收获幸福和精彩的人生。

Chapter 2

情绪平衡

就算善良，也要有点锋芒

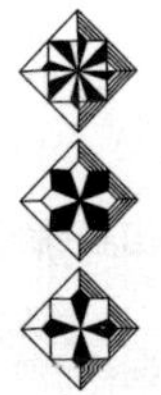

不必对所有人都保持友好

一次，我从外地乘飞机回上海，当时我带着两个大行李箱，选择打出租车回家。从机场到我家打车费要近 300 元，根据以往的打车经验，我认为自己这次也算是“高质量”客户了，如果一位出租车司机拉我一程，能抵晚上拉四五次客人的生意。

上车之前，我心里还暗暗想，司机应该会对我非常热情，后来事实证明，我自己想的太多了。

我上了车，司机和我简单说了几句话之后，就用手机和朋友聊起天来，并且开了免提，聊天的时候司机还一直说脏话。我们都知道，上海的出租车司机绝大多数素质挺高的。可是我那天遇到的司机却满身匪气，态度非常不友好。

那位司机聊完天后，也偶尔和我聊几句，我每次都是非常客气礼貌地回应，但是他的反应一直不太礼貌。

不管我说的是什么，他不是反对就是沉默。当我说“出租车司机也很辛苦”这句话的时候，他用鼻子哼了一声，依然没有任何反应。我在后排座位坐着，感到特别尴尬，因此，就不再跟司机交谈了。

然而，我的专业是心理学研究，我的职业习惯是换位思考，我努力想去理解对方。我默默在心里想，可能司机师傅因为跑夜车比较辛苦，所以有情绪，对我态度不好，我应该体谅他。

当我们过高速路收费站的时候，出于对他的礼貌和理解，我又一次主动询问司机："现在需要我来付过路费吗？"这句话又一次惹了司机不高兴，他用特别不耐烦的语气对我说："下车给！"

到了目的地，我付现金给司机，同时跟他说我要发票。没想到司机怒气冲冲嘟囔说："着什么急，没看到我正在找钱吗？"之后，司机把找回的钱和发票一起从窗子扔出了车外，还有几块零钱我没接住，掉地上了。然后这位司机竟然直接踩油门扬长而去。

现在我每次想起这段憋屈的乘车经历，就感到窝火。后来，我也认真反思了一下，这件事情为什么会对我有那么大的消极影响？

答案就是，这件事给我的价值观带来了极大的冲击。我以前一直坚信，如果你礼貌、友好地对别人，别人也会那样对你。所以，在我跟那位司机交谈时，我始终都是友善、礼貌和克制的。但是，我的礼貌和客气，却换来了对方的粗暴和无礼。

我说的这点，其实是有心理学依据的。

一个人如果从小就在平等和民主的家庭中长大，那他就倾向用平等的方式对待别人；如果一个人从小在权威和高压的家庭中长大，那他就倾向用权威的方式对待别人。

我特别赞同武志红老师在《为何爱会伤人》这本书里提到的一个观点：一个人的外部关系，往往是内在关系投射的结果。所谓外部关系，就是指一个人的外部社交关系。所谓内在关系，就是指父母和小孩之间的关系。

一个人的内在关系很多时候都受到原生家庭的影响。如果在原生家庭里，父母采用平等的方式对待小孩，那么随着孩子长大，他就会用平等的价值观去处理家庭和社会关系。相反的，如果对待小孩的时候采用的是权威的方式，那孩子长大自然也会用权威的方式去对待别人。

在这里，我需要着重说明一点，一个人如果拥有权威式的内在价值观，那这个人和别人交往的时候，通常就会把自己定位成“权威的父母”，把对方看作“无助的小孩”，所以给人的感觉就是比较难沟通。但是，如果他们遇上一个比自己更加权威或者严厉的人，他们就会立刻转变成“无助的孩子”的角色，会变得非常顺从。

读了上述的内容，我相信很多人就会明白，我当时用平等的态度和出租车司机交谈，为什么得到的却是不平等的对待。

我们可以猜测一下，这位司机的原生家庭很可能是一个权威式的家庭，也许他小的时候没有受过平等的待遇。所以，他的内在关系是一种权威式的。在与外部社会关系交往中，他很可能会盛气凌人，也可能会非常顺从。

清楚了这些之后，你的疑问也许会变成了：“懂得了道理之后我们该怎么做？”

确实，家庭环境对一个人的影响非常大。我们改变不了对方，更改变不了存在于别人身上的内在关系，或者说我们没有办法让一个拥有权威式价值观的人立刻变得平等待人、礼貌对事。如果他们想要改变，他们必须认真反思自己的成长经历，找出自己的问题根源。

但是，当我们懂得了这些道理之后，我们在和别人交往的时候，就能更有效地沟通，更好地理解他人。

具体可以这样做。在和一个人的沟通交流中，如果你采用的是平等礼貌的方式，但是对方非但不领情，还用更加粗暴的方式对待你，那就说明，对方把你定位成“无助的孩子”的角色，把自己定位成“权威的父母”

的角色。

这时，我们只要不接受对方的投射，或者让自己说话的语气强硬一些，对方就会转换成“无助的孩子”的形象。

用一句江湖俗语来解释就是：“见人说人话，见鬼说鬼话。”

意思就是说，与人沟通不要采用同一种沟通法则，对待不同的人要用不同的沟通方式。如果对方采用平等的沟通方式，我们也用平等的姿态对待；如果对方不适合平等的交流方式，那就不如换权威式的沟通方式。这样做，反而会让沟通效果更好。

爱自己从勇敢说“不”开始

小雅在三个月前入职了一家新公司，从入职开始就每天忙得不可开交。一天和她聊天时，她告诉我，她最近的状态非常差，胃口和睡眠都不太好，有时候累得特别想大哭一场。

在我们俩聊完之后，我发现导致小雅劳累的一个重要的原因是她不懂得拒绝别人。

小雅自己也知道她确实心肠软，总是不好意思拒绝别人。她总是担心，如果对别人的请求说“不”，会让别人受伤，也会破坏自己和他人的关系。

大家认真思考一下：“不忍心拒绝别人”是不是比“直接明了地拒绝别人”造成的后果更严重。

如果一味答应别人的请求，却不懂得怎样去拒绝，那么结果只会把自己累垮并且心生怨恨，最后当自己无法完成别人交代的事情时，和对方的关系也会出现问题。

现在我们已经知道了合理拒绝别人的重要性，接下来我讲讲委婉拒绝别人的五个方法。这五个方法借鉴了《精力管理》一书的部分内容，同时也结合了我自身的实践经验。

1. 做决定之前请停顿一会儿

当别人向你提出不合理的帮忙请求时，先试着停顿一会儿，再做决定，不必急于拒绝，也不要急着答应对方，这一下下的停顿会有“无声胜有声”的效果，也不会让对方太尴尬。

我作为一名心理咨询师，深深明白在谈话过程中停顿的奇妙作用。在谈话时，要懂得适时停顿，因为在停顿或者沉默的时候，才会给对方真正的思考时间，这个时候，对方的心理也往往会发生变化。

如果对你提出要求的那个人是个聪明人，他就会明白，你的停顿或者沉默本身就是一种表态，在停顿的这个时间里他自己就会反思一下自己提出的要求。

可能，你还没说话，他就先开口了：“不好意思，我提的这个要求是否有些过分了？”

2. 学会说“不”的同时也要学会说“但是”

如果直接跟对方说“不”，确实会让对方感觉没面子。可是如果说完“不”，再用一个“但是”说出你能为他做的其他事，就会让对方心里舒服一些。

所以，要想委婉拒绝别人的请求，我们一定要会用“不，但是……”这个句型。

例如，我有一个朋友组织了一个大型的心理学讲师培训营，他还邀请了国内知名的心理学专家作为主讲嘉宾。朋友想让我报个名，给他捧捧场。我们平时关系还不错，我也打算去给他捧捧场，但是不巧的是，他的培训班和我的一个非常重要的安排时间上冲突了。

因此，我对这个朋友说：“很抱歉，我可能赶不上这次的培训了，但是如果你办第二期，我一定会参加。”

没多久，我这位朋友果然又办了第二期培训营。得知消息，我立马报名参加了。

3.“我看看最近的日程安排，再给您回复”

当对方邀请你去做某件事，但是你不想去或者另有安排，你又觉得直接拒绝会伤害对方的好意，这时你不要着急说“不行”，可以先这样说：“我对您的邀请非常感兴趣，不过我需要先看看我的日程安排，看下那天是否已经安排了别的事情，我会尽快给您答复。”

这样做的话，当你再跟对方说“不”的时候，对方就会有心理准备，其实就是在你拒绝对方之前，给他设置一个有效的缓冲，又不会让对方觉得你为人冷漠。

另外，需要查看完日程表再给出回复的人，也会给别人留下好的印象，在他看来，你是一个会管理时间，善于划定界限的可相信之人。

4. 让你的上级知道你正在忙的工作

对身在职场中的人来说，也许上司提出的要求是最难拒绝的。但是首先我要说明一点：如果你有足够的精力完成上司安排的所有任务，那就积极地去完成，不用考虑怎么去拒绝。但是如果你觉得自己已经没有精力再答应上司所提出的要求和任务时，你就需要学习一下拒绝的艺术。

这个时候你就需要把自己正在忙碌的工作摆出来让上司看到，让他了解你当前的处境，再进行合理分配。

这里有一位朋友给我提供了发生在他身上的一件真实案例。一次，他的上司同时给他安排了特别多的工作，可当时他还有很多之前安排的工作没有完成。他想直接拒绝，但担心那样做会得罪上司，如果他接受了上司安排的新工作，他又怕完不成，后果会更严重。

经过认真考虑，这位朋友给他的上司写了一封邮件。他在邮件中把自己正在忙着做的工作都列了出来，还认真分析了现状，之后他在邮件中写道："如果您确实需要我去做这些新的工作，那我之前的工作可否先暂时放一放，不知道这样是否可以？"

朋友的上司看到他的邮件后，理解了他的处境，之后上司把这些任务安排给了别的员工。

5. 拒绝了对方的要求后，问问对方是否需要别的帮助

当你拒绝对方的时候，请认真思考一下，对方跟你提出请求是否还有

别的目的。再想想自己能不能给对方其他方面的帮助，这样，当你拒绝对方后，对方也不会生气。

例如，我的好朋友想让我给他邻居的小孩做一次心理咨询，当我对这个孩子的情况了解以后，我拒绝了朋友的请求。因为我没有治疗儿童心理问题方面的经验，我也不是这方面的专家。但是，我知道有一家心理机构在治疗儿童心理问题方面非常专业，我就把这家机构推荐给了我的朋友。所以，即便我拒绝了朋友，但是他仍然对我表示感激，因为我推荐了专业的心理咨询师给他们，让他很有面子。

学习完上面提到的五种方法之后，可能还会有人无法开口拒绝别人。究其原因，就是担心拒绝会得罪人。

事实上，每一个害怕开口说“不”的人，都可以在心里反复告诉自己：合理拒绝别人的请求，可能一开始会让对方和自己感到不舒服。但是从长远的角度出发，合理地拒绝，不仅能为自己的发展赢得宝贵的时间，也会因此得到别人的尊重。

首先肯定自己，才能更好地适应环境

萨尔瓦多·达利是西班牙的一位画家，他是 20 世纪最杰出的艺术家之一。他的作品中有很多疯狂的想象体现，他习惯独树一帜的表达方式并且有非常强的表现欲望，这样的行为方式让他的作品显得很另类。有很多人看不上萨尔瓦多的作品并把他的作品归为垃圾，他们认为他的作品让人看不懂。对此，萨尔瓦多·达利不但没有为自己辩解，反而高傲地说："我的画都是为我自己创作的，我毫不在乎别人是否喜欢它。"

著名钢琴家肖邦在成名之前，曾在很多地方演出过，可是，他的表演没有得到过别人的赞赏。一次，匈牙利钢琴大师李斯特在看了肖邦的演出后非常震惊，他认为肖邦以后一定会出名，同时他指出肖邦在演出时存在的问题，他发现肖邦在演出时总爱左顾右盼，非常在意演出时观众对自己的反应。这可能和长期以来肖邦在演出时经常遭受观众的冷落有关，所以他特别敏感，在演出的时候总想讨好观众。正因为忽视了这些细节上的问题，致使肖邦在演出时经常出现失误。这一点还证明，在演出时肖邦没有尽全力，也没有全身心投入自己的演奏。

李斯特注意到这些情况后，决定帮助肖邦。他把肖邦带去了法国，让他在剧场里演出。为了肖邦能够全身心投入演出，李斯特让剧场熄灭了所有的灯，这样一来，观众们就能用心倾听，肖邦也不会因为观众的反应而分心了。这种演出方式非常成功，观众们基本都是凝神屏息地聆听，肖邦也能够全心演奏。那次的演出充分展示了肖邦的钢琴魅力，肖邦也因此获得了法国人的喜爱，不久就在欧洲出名了。

肖邦开始不受观众欢迎的原因主要是他的内心有很多杂念，他总是过度在意观众的反应，却忽视了演奏的本质。这样的表演效果自然会大打折扣。然而，当他放下心中的杂念，专心表演时，他的感情和才华才会更好地展示出来，这样必然会提高艺术的感染力。

现实生活中，只有少数人拥有达利的洒脱不羁，多数人有的都是肖邦成名前的小心翼翼。一个人只要活着，就会和周围的人发生千丝万缕的关系，任何人都不可能离开别人完全与世隔绝。也正是这样，我们才会经常在意别人的感受和看法，有时候，为了得到别人的肯定和认可，不得不做一些委屈自己或者自己不想做的事情。过于在乎别人的看法和反应，这是人性最大的弱点，这样做往往会让自己的情绪随着别人的评价而波动，在这种情况下，对于别人的观点，我们常常会不深入思考就欣然接受。一旦我们接受了别人的观念，心中就会产生顾虑，会将原本简单的事情复杂化。总是生活在这样的环境中，我们就会感到憋屈和压抑，这样的情绪很容易伤害到自己。

不要苛求自己，你的做法不可能让所有的人都满意。一个人要想主宰自己的人生，就不能总活在别人的看法里，我们需要走自己的路，做自己的事情。这就需要我们培养自信心，克服心里的恐惧感。

第一，适当肯定自己，恰当评价别人，也就是说对待自己和对待别人要保持平衡。在人际交往中，要记住，尊重别人的同时首先要尊重自己，因为自己也很重要。

第二，与人交往时，通过改变自己的行为改变心态。比如，我们在走路的时候要尽可能挺胸抬头，这样能增加我们的自信。

第三，学会正视自己。金无足赤人无完人。不要盲目地拔高自己，也不要故意贬低别人，对人对己，都要保持人格的平等，真正在人际交往中做到从容自若。

生活中，不管遇到任何事，都请先考虑一下自己，顾及一下自己的情绪，当自己有了好的情绪时，才能更好地感知外界的情绪。

有时，你不出声，就会出局

生活中的每一个人，几乎都尝到过喜怒哀乐的滋味，不论你同意与否。那是因为生活就像是一个五颜六色的染缸，只要你进来，就一定会染上颜色。我们会随着生活的起落或喜或悲，而对于生活给予我们的沉重打击，我们可以选择坚强面对，也可以选择无奈地接受。就像普希金的诗句中写道的：“假如生活欺骗了你，不要悲伤，不要哭泣。”而是要学会发泄苦闷的心情，平衡自己的情绪。

自从参加工作，小苒就明显感到自己没有以前上学时候的快乐了。以前上学的时候，小苒总是笑哈哈的，每天都过得非常开心，从来不会愁眉苦脸。但是，自从来到这个乡镇学校当老师，小苒每天都有很多烦恼，本来分配的班级不太满意，再加上一个装腔作势的校长，简直让小苒伤透了脑筋。

小苒所在的学校规模不大，每个年级只有一个班的学生。和小苒一起分配过来的女孩是一个关系户，那个女孩人还没到学校，家里就已经给安排好，跟校长早已非常熟了。所以，在分配班级的时候，校长便把全校成绩最好的班级给了那个女孩，而且那个班里只有二十多个学生。小苒分到的班是全校成绩最差，人数最多的班级。对于一个刚毕业的大学生，压力之大可想而知。对于这种靠关系的不公平分配的做法，小苒打心眼里非常反感。不出所料，在一次全镇统考中，小苒的班级和以前一样还是考了倒数第一。对此，校长表示除了要扣掉小苒的供暖补助，还要再从小苒的工资中扣掉 5% 作为处罚。已经积累了半年多的不满情绪加上处罚的刺激，小苒再也忍不住了。她当着全校所有老师的面直接发泄了自己的情绪："您在处罚我之前，请先看看我的情况可以吗？您在排班的时候，把全校最差的班级给我这个刚毕业的学生带，如果真是为了学生成绩，您当时为什么不把它安排给别的老教师呢，是不是他们都不想带呢？这次考了倒数第一这件事情，是您硬给我安上的。"说完这些话以后，小苒感觉轻松多了，胸中的闷气也消失了，而校长则满脸尴尬地提前下班离开了学校。

这件事以后，正赶上寒假放假，小苒去了南方的一个海滨城市旅游。看着岛上的美丽风景，小苒觉得生活还是挺美好的。她开开心心地游玩，开学以后，她的心态也好了许多，经过了半个学期的努力，她终于把那个倒数第一的班级带成了全镇二十多个班级的第五名。学校的老师对此都非常惊讶和佩服，因为这个班之前一直都是倒数第一名。这时，校长也不得不认可小苒的能力。但是，小苒却提交了辞职申请。她决定要去大城市打拼，不想在小地方遭受不公平的待遇。现在，她可以风风光光，理直气壮地离开了。

很多时候，在遭受不公平的待遇时，很多人都会选择息事宁人，忍气吞声，尤其在职场上，人们总是觉得多一事不如少一事。其实，上级管理下级本来是正常的，但是如果遇到不公平的待遇，我们可以选择为自己争取权益，不能总是忍受欺负，自己生闷气，这种负面的情绪压抑到一定的程度便会爆发，到时候做了错误的决定，反而失去了优势。

事例中的小苒进行了一番发泄，虽然处境没有实质性的改变，但是她发泄了自己心中的郁闷，校长以后行事也会有所考虑。认真想一想，我们为什么总是要忍受别人的不公，让自己郁郁寡欢呢？如同上文中的小苒，该发泄的时候发泄，发泄完，小苒还是坚强地面对困难，调整好自己的心态，最后取得了完美的成绩。

生活中很多时候，很多事情，不是靠忍就能解决的，有时候你不出声，就必定会出局，当然，发泄情绪的意思不是说发脾气，发泄情绪要利用合理的方式，宣泄负面情绪的同时，重新调整自己，让人生走上正轨。

保持理性，有自信不等于拒绝别人的批评

有一位年轻人为了找到合适的工作，把自己的简历投给了好几个贸易公司。很快，其中一家贸易公司就给他回了信，但是信中却这样写道："从你的来信中可以看出，你对自己的文采非常自信，但是我们并没有发现你的文章有什么特别之处；相反，我们发现你在修辞和语法上犯了很多低级的错误。"

可想而知，当这位心高气傲的年轻人收到这样一封回信，会是什么反应。他当时特别生气，很想立刻写一封回信给这家公司，把他们大骂一顿，但是他很快就醒悟了：也许对方没有说错，可能自己真的在修辞和语法上犯了错误，只是因为一直没有人告诉自己，所以才不知道。

想通了之后，他不仅诚恳地接受了这家贸易公司的批评意见，并且写了一张感谢卡寄了回去，对他们指出自己的错误表示感谢。出乎意料的是，没过几天，他竟然接到了这家公司的录用通知。

人们在日常的工作和生活中，往往会出现很多无法避免的失误。 这

种时候，可能会让我们感到紧张或者尴尬，其根本原因是我们担心由于自己的失误给集体和他人造成损失，使别人对我们的能力产生怀疑，更严重的是担心因此遭受批评。然而事情到了这个地步，遭受批评已经成了必然的结果，我们只能接受批评。

但是事实上，只有少部分人能够在遭受批评和指责时还保持平心静气。这个道理就和人吃中药一样，每个人在吃那些难以下咽的中药时都会眉头紧锁，捏住鼻子，吃完药马上喝白水或者糖水冲淡嘴里的苦味儿。其实，一个人接受批评和吃中药的道理相同，“忠言逆耳利于行，良药苦口利于病”，对一个人来说，遭受批评不见得都是坏事情，相反的，有时候批评可以帮你发现自己之前不知道的问题。下面就来看看，我们该如何控制自己的情绪，理性看待批评。

1. 冷静克制自己的第一反应

当你无法容忍别人对自己的批评，想要开口争论或者反击的时候，你最好先让自己冷静下来认真分析一下。虽然遭受批评的确让人心里不舒服，但这个时候还得尽量让自己冷静下来，克制住发脾气的冲动，在心里默默对自己说，先不要进行反击。比如，你收到一封邮件，但是这封邮件的内容都是对你的批评，当你看完后先别着急回复，最好的处理方式是先关闭邮件，过几小时再回复，这样做的目的是在回复邮件时避免把自己过激的情绪传递给对方，造成严重的后果。

2. 用正面的角度看待反面的问题

每一件事情都会有正面的价值。批评也是如此。对于别人对你的批评，如果你能从正面的角度看，那么那些批评可能就会变成别人对你的诚恳评价或者促使你进步的建议。比如说，如果你写的文章收到一条这样的评论：你的文章让人读起来感到乏味。这时，你可以从正面的角度出发看待这个评论，它可能是在提醒我，文章的内容应该更广泛，或者应该从这些过时的内容中提炼出一些新的观点。事实上，所有你认为负面的评论，都可以从正面来看。一般别人不会毫无来由地批评你，从这些批评中看到自己的问题，就可以把批评变成鞭策你进步的一种督促。

3. 用感恩的心对待批评你的人

不管批评你的那些人是粗鲁还是尖刻，你都应该对他们表示感谢。想一下，那些批评你的人可能是遭遇了不开心的事把你当成了出气筒，也可能他们本来就是喜欢批评别人的人。一定不要忽视“谢谢”，“谢谢”这两个字有巨大的能量，也许你的友好真可以让他们卸下盔甲。

4. 面对批评，坦然接受

不要因为遭受了批评就心生不快，也不要因为害怕就逃避。面对批评，我们应该坦然接受，并且把它们当作自己人生中的一笔财富，不要觉得受到批评是一件很没面子的事。真正理解批评对于自身成长的意义，就不会反感和害怕批评，相反，你会欣然接受别人的批评，同时还会感激批评你的人。请记住，坦然接受有益的批评是完善自我的一个条件。

永不谅解，会让自己心处炼狱

棠棠在前半生的时间里，都从心底恨自己的父亲。在她眼中，这种恨是正义的，也是有道理的。

原因是在棠棠小的时候，母亲怀着弟弟时，父亲和另一个女人产生了感情。事情被发现之后，父亲没有向妻子、女儿道歉，反而带着家里的所有存款出走。直到棠棠的弟弟出生之后，父亲才回来。原来那个女人骗走了他所有的钱，一无所有后，他只好硬着头皮回家。母亲顾念旧情，原谅了他，但是棠棠却不愿意原谅这种伤害了自己妻子、儿女的男人。因此，每一次当她看到自己的父亲，小时候那段痛苦的经历便会浮现，尽管父亲和她说话时已经低声下气了，棠棠依旧不肯原谅他。

棠棠对父亲的痛恨，影响了自己的生活和感情。她因此无法敞开自己的心扉去爱上任何人，并且无法完全相信他人。面对男人的时候，她脑海中总会浮现当年父亲背叛母亲时的场景，于是总会想：他会不会和父亲一样，以后也会背叛我？这样的想法在她脑海里挥之不去，也充斥着她整个生活。

母亲发现了棠棠的异常，并且耐心地规劝她原谅父亲的过错，毕竟过去的事情已经过去了，而且父亲用了几十年时间在尽力弥补。可是，棠棠还是拒绝了母亲的劝说："你太没出息了，想想他那会儿怎么对我们吧，总之我是不可能原谅他！"

无法宽恕他人，最大的危害就在于，他们用过去的痛苦反复折磨自己的身心。人非圣贤，孰能无过，无法原谅他人的过错，怀恨在心，这样的恨在心底里发酵，最终只会伤害到自己的身体和心灵。

英国著名心理学家凯勒·西奥曾经说过："如何去原谅别人，其实是每个人应该学习的一种能力，我们不能把原谅当作一种义务或责任。因为它是另一种与爱相似的体验，不应被要求，而应该在被感召之后，自发地习得。"

原谅和宽恕他人，能够帮助我们走出内心的浮躁，让心灵转为纯净和自由。不能否定的是，它是让我们从愤怒和痛苦之中解脱，走向爱与幸福乐园的有效方法。在很多事情上，如果我们无法原谅别人的过错，那么我们就少一些体会生活的喜悦和轻松，而陷入无穷无尽的痛苦之中。

尴尬时刻，用五个步骤化解愤怒

在一次“幸福”课上，我遭遇了很难堪的场面。

一位学生当着教室里一百多位同学的面指责我：“请大家警惕这样的老师，只会玩一些哗众取宠的游戏，其实肚子里一点干货都没有。”“如果你真的厉害，就给我们讲一些有思想的知识……”原因是我在上课前用拍拍手、跺跺脚、打招呼等小游戏调动学生们的积极性。听到他的指责后我非常震惊，整个人都愣住了，大脑里一片空白。很快，我的尴尬转为了满心的怒火，我很想和那个学生辩论一下，或者用教师的权威把他赶出去，但是最后我忍住没有那样做，我努力稳住了自己的情绪，让他回到座位，并且告诉他：“请听完我的课后再发表看法，如果还有想法，再做讨论。”于是，那堂课我压住消极情绪，认真讲课，完美地上完了那堂课，最后那个学生感到愧疚和不好意思，跟我道了歉还跟同学们分享了听课的感受，我的愤怒情绪也慢慢消失了。

后来，当我读到查普曼博士的《愤怒，爱的另一面》这本书的时候，我才想到自己当时正是无意识地运用了他书中提到的五个化解愤怒情绪的步骤：

第一，明确告诉自己：我生气了！心理咨询师跟受访者说的最多的一句话就是：觉察到问题是解决问题的第一步。一个人只有意识到自己身上存在的问题，之后才能够有针对性地解决问题。同理，你只有确定自己已经生气了，才会考虑采取什么方式化解愤怒的情绪。但是，很可惜，在现实生活中，很多人对情绪已经麻木了，他们丧失了感知愤怒的能力，经常连自己愤怒的情绪都无法感知到，那就更不必谈有效化解了。

第二，克制自己的冲动。我们不能压抑自己的愤怒，同样更不能放纵自己的愤怒。众所周知，冲动是魔鬼。如果我们没有很好克制自己的情绪，那很有可能会做出一些非理性的行为。比如，在两性关系中，有人愤怒的时候就口不择言，说出一些令人难以接受或者让人受伤的话。虽然他们的初衷只是为了发泄情绪，或者试探对方的底线。但是，如果不克制这些情绪，经常把“分手”和“离婚”挂在嘴边，最后可能就会“如你所愿”了。因此，克制冲动，保持冷静和理智是处理愤怒情绪的前提。每次当你感觉自己怒不可遏的时候，可以尝试从一数到十，要是还不能冷静下来，就再继续数到一百。

第三，对愤怒的想法进行合理性评估。在有关认知疗法的理论中提到，如果我们改变了对某件事情的认知，那我们的情绪也会随着发生改变。所以，在我们感到愤怒的时候，及时对愤怒的想法进行合理性评估的同时，还要多收集一些相关的背景信息，或许就会改变你对事情的认知，愤怒的情绪也会减少。

第四，思考并选择最佳的行动方案。当你愤怒地想要采取行动的时候，请先问一下自己：接下来我要采取的是不是最合适的行动？我这样做是为了解决问题还是发泄自己的情绪？当那个学生在所有同学面前批评我的课程的时候，我最开始的反应就是他说的这些会破坏我的名声，我应该立刻进行反击。事实上，这也是人在愤怒时的正常反应。但是我当时稳住了情绪，思考片刻告诉自己，如果我反击了，那么我和这位学生的冲突点不但得不到解决，而且还会影响别的同学上课。因此，我选择了另外一种方式解决问题，那就是继续上课。上课的同时我的愤怒也得到了缓解，我还用实力证明了“我有真才实学，不是一个水货”。

第五，采取建设性的行动。我们可以允许自己有愤怒的情绪，但是不代表我们要按照这种情绪去行动，我们也不能变为情绪的奴隶。这里所说的建设性的行动，指的是在你愤怒的时候，采取的行动应该对解决问题真正有帮助，并且还有助于维护关系。

最后，当那名学生认识到错误，向我道歉的时候，我当时的情绪还是不太好。但是我也知道，如果我采取了非建设性的行动，比如挖苦、嘲笑甚至惩罚学生，对于维护关系和解决问题都没有任何帮助。

因此，我接受了学生的道歉，同时请他分享课堂感受，他也欣然接受了。最终，这个看上去似乎很尴尬很严重的冲突事件成功地被化解了。

Chapter 3

情绪转移

换一个视角，激活阳光心态

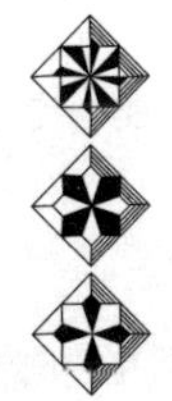

试着去“练习”自己的情绪

20世纪末，日本著名的医学博士春山茂雄写过一本名为《脑内革命》的著作。他在这本书中阐述的主要观点是，人们应该进行正思维训练。那什么是正思维训练呢？就是当人们遭遇了不愉快的事情时，可以从积极的一面思考这件事情。例如，在办公室里受到领导严厉的批评时，通常情况下，人们可能会在心里产生不满的情绪，抱怨领导不理解自己，甚至会由此推断领导是不是想辞退自己。如果对这件事正向思维，我们可能就会想：领导批评我，对我发脾气，是重视我的表现，他相信我有足够的忍耐力和精神修养。实际上，正思维是在锻炼情绪，负思维是在摧毁情绪。

情绪锻炼不仅有益于精神，还有益于身体。举个例子，情绪锻炼可促使大脑分泌对身心有益的内啡肽，这就是情绪锻炼有益于身体的一方。内啡肽能够缓解人们的痛苦，使人们的心情变得舒畅，从而让情绪达到最佳的状态。实际上，除了正思维能够分泌内啡肽，运动和吃辣也能起到如此作用。对比养成正思维的习惯，运动和吃辣都只是暂时调节情绪的方法。而且思维随时都可以操作，不会受到时间和地点的限制。但是，正思维并不是自然习得的，它需要借助其他方面的实践来巩固。比如，做一些能力可及的小事情加深亲朋好友的联系、培养自己的兴趣爱好。

好的情绪需要花费一些时间去锻炼，那有什么办法可以让情绪在瞬间好起来呢？我们可以试试用“装”的办法来让情绪转好。

我们举例来讲，有一天，我的一位朋友情绪低落，意志消沉，平时他遇到这种情况一般都会离开人群，独处一会儿，直到情绪变好。但是，那天他需要出席一个特别重要的会议，没有时间独处，无奈他只能假装自己很快乐。会议开始之前，他故意很热情地和别人打招呼。为了掩饰内心的情绪，在会议开始之后，他尽可能侃侃而谈。不过，这种“假装”很快就消失了，因为他很快就把整个身心完全投入到会议中，整个开会过程，他都表现得温文尔雅、和颜悦色。会议结束的时候，他似乎还有些没尽兴。这让他感到奇怪：开会之前头脑中那些忧郁的情绪不知道什么时候突然消失了。他当时并未意识到，在自己未察觉的状态下其实已经运用了心理学上的一个理论：当你假装拥有某种愉快的心情时，往往能帮你真正获得这种感受。

几十年以来，心理学家仍然这样认为：如果人们的情绪不改变，他们的行为一般也不会改变。就像大人对眼含泪水的小孩子说“笑一笑”，孩子勉强露出了一个笑脸，但是他们很快就会真的高兴起来。这个道理和人们早上出门前对着镜子笑的道理一样。当人们对着镜子露出笑脸的时候，即使是装出来的，也会激发出他们笑的潜能，最后真正笑出来。另一方面，经常露出笑脸，还能提高人们感受幽默的能力，也就是说那些原来你不觉得好笑的事物可能也会让你发笑。

《快乐者生存》一书的作者维尔尼·孔蒂，她也是美国“开怀一笑”幽默工程的发起人。她是这样介绍自己的对镜自笑法的：“每天早上起床后，我都会先站在一面大镜子前，看着镜中的自己一丝不挂的样子，我会忍不住大笑。随着年龄的增长，我越来越容易‘嘲笑’自己。看着自己开始松弛的皮肤，想想自己从前的模样，但根本不需要因为青春逝去而忧心，也不需要感叹自己再也回不去的容貌和身材。要知道，对所有人来说，岁月的流逝都是一样的，过去的一切都不可能再倒回，不论你怎样哀叹，过去的辉煌都不会再有，何不放开一些，认真审视一下时光在你的生命中留下的美妙的痕迹。这些才是永恒的。朋友们，请过来吧，尤其是那些对自己笑容吝啬的人，我能肯定，要是你们敢走向离自己最近的那面镜子，脱掉衣服，哼唱一首过去的老歌，你们一定会大笑的。”

上面这两个案例向我们阐明了这样一个事实：假装出来的行为也可以改变情绪，情绪改变了，行为也会得到优化。艾克曼是一位心理学家，他曾经通过一个实验证明：当一个人总是想象自己进入某种情境，或者拥有某种情绪，那么这种情境或者情绪很有可能就会发生或者到来。比如，一个实验参与者假装生气，受到他角色的影响，他的脉搏跳动增强，体温也随之升高。这个实验在证明情绪和行为之间存在密切关系的同时，也教给我们一种摆脱负面情绪的方法——“心临其境”。比如，在你感到烦闷的时候，打开手机看看以前出门旅行时候的照片，用心感受一些当时的情境，心情都会变得明朗。

戴尔·卡耐基被誉为美国现代成人教育之父，他说的一段话和我们阐述的这个理论相似：“如果你假装对工作感兴趣，这种态度往往就会成真，这样做可以减少你的疲劳和忧虑。”英国小说家艾略特也曾经写过：“行为能够改变人生，就是说人生能够决定行为。”因此，当你深陷情绪低谷时，多做一些有意识的动作去改变心情，再利用改观后的心情改变自己的行为。这个时候，你就会发现，自己的人生才真正由自己做主。

遭遇困境，及时转移关注点

当一个人遭遇困境的时候，千万不要心生怨念，怨念只会侵蚀你的心灵，增加一个人内心的痛苦。总是处在抱怨的情绪中，就很难正确地看待周围的人和事，最终导致失去解决问题的机会，自己什么也得不到。走出消极状态和负面情绪很好的办法是转换关注点。

一天，通用公司内勤部办公室的艾丽和密娜达的名字出现在了裁员的名单上，按照公司规定，她们俩应该在一个月后离开公司，当时两个人都非常难过。在第二天上班的时候，艾丽还处在悲伤激动的情绪中，她跟同事们说话冷言冷语，非常不友好，她没有胆量去找老总理论，只能跟上级和同事哭诉："把我裁掉太不公平了，我的工作从来没有出现过问题……"大家对她的遭遇除了表示同情也无能为力。她只顾着到处诉苦，把自己分内的工作都抛置脑后。

艾丽本来在办公室里很受欢迎，但是现在她整天怨这怨那，慢慢地，同事们都开始躲着她，不和她接触。最后，很多人都开始讨厌她了。

再看看密娜达，听到自己将要被裁掉后，她虽然也哭了一晚上，但是第二天上班，她还和以前一样。因为同情她的遭遇，同事们不好意思再分配更多的活给密娜达，但是密娜达却主动干活，还总是微笑着跟大家说：“是福不是祸，是祸躲不过，现在公司既然已经决定了，那我也要干好最后这一个月，以后可能就没机会了。”所以，她每天都勤劳认真地工作，始终坚守在自己的岗位上。

到了一个月的时候，艾丽按照之前公布的规定离开公司，而密娜达却被告知留在公司，不用下岗了。当着办公室所有人员，主任传达了老总的话：“密娜达的工作，谁都替代不了，公司永远欢迎像密娜达这样的员工。”

很多时候实际上并没有那么多的不公平，那些总抱怨命运不公的人，他们只是没有发现命运给予自己的那些赏赐，他们总是忽略眼前，去追逐那些他们自认为美好却得不到的东西。一旦愿望没有达成，他们就会抱怨。然而，机遇往往就在眼前，确切地说，就在每个人的心里。

1972 年的时候，新加坡总理李光耀收到一份来自新加坡旅游局的报告，这份报告大概说的是：我们新加坡想要发展旅游业真是非常困难，我们没有埃及的金字塔，没有中国的长城，没有日本的富士山，除了一年四季直射的阳光，我们没有任何名胜古迹。

当李光耀看到这份报告的时候，非常生气，于是在报告上批复了一行字：“我们还有阳光，这就足够了，你还想要上帝给我们多少东西？”

之后，新加坡利用上帝给他们的一年四季直射的阳光，种植花草，短短几年，新加坡就成了世界上著名的“花园城市”，并且连续多年，在整个亚洲旅游收入排名都是名列前茅。

世上的事情都有多面性，我们往往看到的只是其中一面，如果这一面给了你痛苦，那这些痛苦是可以转化的，所有的那些痛苦、失败和不幸，最后都可能变成对我们有利的因素。

面对生活中的不幸与困境，我们要做的是勇敢地承受，努力地改变，把那些挫折变成自己成长的垫脚石，而不是怨天尤人，自暴自弃。

有一个人他认为自己非常有才华，但是总不受重视，因此他十分苦闷，便跑去质问上帝：“为什么命运对我这么不公平？”上帝听后，并没有回答，而是捡起一颗普通的小石头扔到了远处的石堆中，然后对他说：“你去把我刚才扔过去的小石头捡回来。”结果，这个人找遍了所有的石堆，也没能找到那颗小石头。这时，上帝又从自己手上取下了一枚戒指，用同样的方式扔到了远处，这一次，那个人很快就把戒指找了回来。上帝虽然没有说什么，但是这个人却幡然醒悟：是石头在哪儿都不会发光，如果自己只是一颗普通的石头，不是一块闪闪发光的金子，那就不要抱怨命运的不公。

如果生活中，我们能一直坚持磨炼自己的意志和品格，把自己打磨成一块金子，那么你所放射出的灿烂光辉就不会被任何事物所遮掩。

在漫长的人生道路上，如果你能够正确看待倒霉的事情，同时勤劳上进，做好自己的本职工作，那么你身上的闪光点很快就会被发现，你也一定能从中获得快乐。

别在不愉快的事情上纠缠不休

在现实生活中，人们有时会遭遇恶意的指控和陷害，或者遇到各种不顺心的事情。遇到这种情况，有的人就会非常愤怒，结果是情况越来越糟糕，像下面故事中的这位议员一样。

这件事发生在 20 世纪 60 年代的美国，当时有一位非常有才能，而且做过大学校长的人准备竞选中西部一个州的议会议员。这个人知识渊博，能力也强，非常有希望在选举中胜出。但是，在选举进行到中期的时候，有一个关于他的小谣言散布出来：几年前，在他参选的州府举行的一次教育交流会中，他跟一位女教师有暧昧关系。

这个谣言对他来说简直太荒唐了，这位候选人非常生气，他努力为自己开脱。在之后每一次集会时，他总是压制不住自己心中的怒火，每次都主动站起来澄清事实，竭力证明自己的清白。实际上，绝大多数选民都没有听说这件事。但是，随着他主动提起、不断辩解，越来越多的人知道了这件事。有些人也开始反问道："如果他真的是被冤枉的，为什么总是不停辩解呢？”这样的公众言论如同火上浇油，这位候选人的情绪越来越坏，导致他不分场合声嘶力竭地为自己开脱，还不停地谴责谣言的传播者。然而，人们越来越相信这个谣言是真的。更悲哀的结果是，最后就连他的妻子也开始相信谣言，导致他们的夫妻关系出现危机。

竞选结果可想而知，他失败了，此后更萎靡不振。事实上，这个谣言是他的竞争对手设计出来打压他的，所谓“清者自清”，他如果不在意，这种谣言可能就不攻自破了，根本伤害不到他。

在遇到不顺心的事情时，每个人都会烦恼，这个时候，可以试着转移一下自己的注意力，不要总是纠结在那些不愉快的事情上。你越想弄清，自己就会陷得越深。当你被这样的情绪困扰时，可以试试下面几个转移情绪的方法：

1. 培养兴趣爱好，增加社交活动

人都是生活在社会中的，没有人能够脱离社会群体独自生活。一个人要学会理解和关爱别人，一旦你提高了爱别人的能力，那就也能够感受到别人对你的爱。一个人的知心朋友越多，那他得到的社会支持也就会越多，

更重要的是他能够感受到足够的社会安全感、信任感和激励感，从而提高自己学习、生活、工作的信心和能力，让自己的心理危机感大大地减少。

2. 向朋友倾诉疏解自己的郁闷情绪

每个人在生活和工作中都会有心情不好和郁闷的时候，向好朋友倾诉自己的苦闷，能够缓解和减轻心中的压力，也会让失衡的心理恢复正常。如果得到来自朋友的情感支持和理解，我们或许能够找出新的思路，还能够增强自己战胜困难的信心。

另外，我们还可以通过自然环境转移郁闷情绪，郁闷时可以郊游、爬山、游泳或者找个没有人的地方大声唱歌或喊出来以宣泄一下等。也可以参加其他活动，比如通过艺术的手段表达出自己的情感。

3. 营造温馨和谐的家庭氛围

家庭是一个人生活的基础之地，温馨和谐的家庭氛围能够给家庭成员带来快乐，也能促使家庭成员在事业上取得成功。在一个温馨和谐的家庭里长大的孩子，他的人格也会是健全和美好的。如果在一个家庭里，夫妻感情不和，经常争吵，他们的家庭氛围就会遭到破坏，夫妻感情和心理健康以及孩子的心灵发展都会受到影响。不和谐的家庭氛围会给家庭成员带来心灵的不安，也更不利于孩子的教育。

一个理想的健康的家庭氛围，应该是：所有的家庭成员都能够轻松表达自己的意见，遇到问题互相讨论和协商，情感上相互支持，共同应付困难。所以说，每一个人都要为建立一个健全的家庭努力。社会是一个大家庭，如果一个人在自己家庭中能够很好地适应人际关系，那么在社会中也能够很好地生存。

优势未必是优势，劣势未必是劣势

1975年1月的一天，科隆歌剧院的舞台上出现了一位17岁的德国女孩，这个女孩名叫维拉·布兰德斯，这一天对维拉来说非常重要，她也非常激动。作为德国当时最年轻的音乐会发起人，维拉成功说服科隆歌剧院为美国音乐家基斯·杰瑞特举办一场深夜爵士音乐会，无彩排，无乐谱，完全即兴，这场音乐会将会有1400名观众观看。但是演出开始之前，基斯检查钢琴的时候发现钢琴的高音区刺耳，黑键和白键都有问题，而且钢琴太小，不能保证歌剧院的所有观众都能听到声音。基斯要求换一台钢琴进行演奏，但是维拉实在没有办法找到合适的钢琴，只能请求基斯坚持演奏这场音乐会，不要放弃。看着这位认真执着的德国女孩，基斯决定为了她参加演出。因为钢琴的高低音区都有问题，基斯只能用中音区演奏，还有钢琴的声音太小，他不得不用力敲击琴键。不过演出效果出奇地好，这场音乐会的唱片销量也创造了爵士独奏专辑的历史记录，这张唱片就是著名的《科隆音乐会》。

原本的劣势，但是却成了成功的关键。这种现象似乎不太符合逻辑，但是蕴含着朴素的道理：优势未必就是优势，劣势也未必就是劣势。有很多人，他们洋洋得意，自己以为占尽了天时、地利，结果却失败在了“人和”；有的人虽出身寒门，但是他们通过自己顽强的奋斗，反而成了励志的楷模。

说到优势，我们大多数人都会觉得四肢健全的人比残疾人更适合演讲，更合适弹钢琴。但是，尼克·胡哲——一位澳大利亚演讲家，他用自己的亲身经历证明了，即使不是四肢健全的人，也可以在演讲上取得成功。“断臂钢琴师”刘伟，也是中国达人秀第一季冠军，他用自己的实力证明，脚趾不一定比手指差。说到身体上的残缺，我们可能会想到罗浮宫的镇馆之宝“断臂的维纳斯”。从常识的角度认为，一个缺少双臂的雕塑是不太符合大众的审美观。而事实恰恰相反，很多人喜欢维纳斯，他们认为这个雕塑所体现的是一种“残缺美”，他们甚至认为如果维纳斯的双臂存在，美感反而会大打折扣。

阿伦森是一位社会心理学家，他曾经做过一个实验：有四位选手参加了一场竞争非常激烈的演讲比赛，其中有两位选手的才华非常出众。相对而言，另外两位选手就比较平庸。前者和后者中各有一个人打翻了桌上的茶杯。实验结果表明，最有吸引力的人是那位才华出众且打翻茶杯的人；另一个才华出众的人吸引力排第二；而最缺乏吸引力的人是那位才华平庸却打翻茶杯的人。

这个实验的结果似乎有些违背常理：同样打翻了茶杯，为什么在有才华的人身上是优势，在才华平庸的人的身上就是劣势？其实，所有人都喜欢跟有才华并且品行好的人交往，但是如果他们没有一点瑕疵，看上去过于完美，就会让别人感觉不真实。因此，当有才华的人犯了一点小错误的时候，人们会觉得他们更真实。但是，这样的真实对于才华平庸的人却没有作用，因为人们会理所当然地认为，对于平庸的人来说，犯错是他们真实的表现。所以说，同样的失误，放在有才华的人身上，可以凸显出他们的真实性，对大家更有吸引力；如果放在平庸的人的身上，却不会产生这样的作用，甚至会适得其反。

1962 年，当时的美国总统肯尼迪想要从猪湾入侵古巴，最终这个计划惨败。消息传到美国的时候，所有人都震惊不已。但是，让人疑惑的是，“猪湾事件”并没有破坏肯尼迪总统在民众中的声望，反而还提高了他在国际上的声望。心理学家阿伦森这样写道：“肯尼迪英俊潇洒，不仅年轻，而且谈吐幽默，他具有非常强的人格魅力。他的求知欲很强，也是一位一流的政治家……一些不可避免的事物反而增加了他在民众心中的真实性和吸引力。”

现实生活中也有很多这样的例子：有些人各方面都非常优秀，近乎完美，但在人际关系中，这些人未必招人喜欢；有些人虽然也很优秀，但是他们会偶尔搞个小恶作剧引起人们的注意，心理学上把这种现象叫作“犯错效应”，或是“白璧微瑕效应”。要知道，小小的失误能够给有才能的人增加吸引力。因此，有人说：“白璧微瑕比洁白无瑕更可爱。”

现在看来，如果在某些方面有优势就沾沾自喜，或者因为自身有劣势就自甘堕落的人，都是一些不成熟的、眼光短浅的人。有优势，我们就利用好自己的优势，没有优势，也不要灰心丧气。这不仅是处世的智慧，也是控制情绪的基础。

不切实际的高标准不如没标准

在我们的生活中有这样一些人，他们在做事时，会不停地制定一些无法达到的高标准，他们严格要求自己，甚至苛刻到脱离了现实。确切地说，这类人就是典型的完美主义者。

完美主义者喜欢制定一些不符合现实情况的高标准，同时他们也会固执地坚持，这些高标准似乎体现了他们全部的人生意义，把“有条件要上，没有条件创造条件也要上”奉为人生格言。当然了，这句话本身是没有问题的，而且当人们遭遇困难和挫折时，这句话确实也能激励人心。但是，具体的事情需要具体分析，如果不管不顾地“乱上”，那么结果很有可能是“面碰壁，心如灰”。完美主义者正是那种不管不顾的人，在他们看来，事情只存在完美和不完美，不存在具体情况这一说。

然而，“谋事在人，成事在天。”有时候，事情之所以没有成功，并不是因为条件不具备，只是因为时机还没有成熟。而且，每个人的水平和能力不一样，甚至差异很大，有些人觉得一件事很简单，但是这件事对另外一些人来说却是困难的。这个时候，如果我们调整一下思路，把标准降低一点，就有可能出现更好的结果。但是，很多的完美主义者并不明白这个道理，或者说不愿意相信这个道理。

王玲玲智商一般，在高中阶段，她学习非常刻苦，在老师和同学的眼中，她都是“好学生”。高考结束，王玲玲被一所大学的物理系录取。物理系相对其他院系来说，录取的分数本来就偏高，能进去的也都是相对考高分的人，所以很多同学的智商都在王玲玲之上。但是，王玲玲一直以来的经历让她坚信：只要努力，一定可以成功。她在大学里经常用一句话勉励自己，那就是“功夫不负有心人”。

王玲玲在进入大学后的第一件事，就是制定一份严格的学习计划表，就连学期考试的名次她都为自己做了严格的规定，王玲玲对这份学习计划抱着必胜的决心。

实际上，王玲玲在第一学期的学习中也确实表现良好，所有课程的成绩都还不错，也顺理成章地获得了奖学金。但是，从第二学期，开始学习高等数学起，王玲玲便有些力不从心了，其他同学听了一遍就学会的知识，她听了很多遍还是学不会。她的学习越来越吃力，第二学期期末，她每门课程的成绩都比第一学期下降很多，高等数学甚至考了倒数第一。

但是，王玲玲没有反思自己的方法是不是不对，她仍然坚定地认为造成这个结果的原因是自己还不够努力。因此，在新的学期开始之后，她更加努力，经常熬夜或者通宵。两个月以后，她因为用脑过度，开始失眠。

又过了一段时间，她感觉自己开始抑郁了，每天情绪都很不好，渐渐失去了学习的欲望，满脑子都是自责和失败的想法，学习成绩更是一塌糊涂。

勤奋当然是一种很重要的品质，不管对于学习还是生活，它都有很重要的无法替代的作用。但是，勤奋并不是一把万能钥匙，它不能解决所有的问题。王玲玲在长期自尊心理的控制下，认为只要自己足够勤奋和努力就能取得想要的结果。这样的想法导致的结果是，一旦没有达到她预期的标准，就如同支撑她人生成功的“公理”失效了。实际上，这并不是“公理”失效，而是她没有根据实际情况调整预期的目标。生活确实有残酷的一面，不是所有的付出都会有收获，更不是只要勤奋努力了就一定会成功。如果失败已成定局，我们要做的是积极调整自己的心态，而不是郁闷地怀疑“公理”。

现实生活中，也有一些人因为做事绝对认真和严谨最后取得了成功，但是同样也会付出巨大的代价。众所周知，苹果公司创始人乔布斯，在工作中他是一位典型的完美主义者，他所创造的苹果产品是当今世界最成功的作品之一。但是，他只活了56岁就身患癌症去世了。乔布斯不只在工作上展现了完美主义的气质，生活中也是如此。他吃素，对食物有非常严格的要求。即便他已身患癌症，他仍然相信自己的直觉，不“盲从”科学和养生。当然了，我们不能说乔布斯因癌症去世是他追求完美造成的，但是这里面确实有一定的关联。

第一次科技革命后，人类的力量体现在方方面面，随着社会不断进步和发展，人类还在不断征服各种各样的难题。现在的人类似乎总认为自己无所不能。一旦这样的想法在心里扎根，人们就希望给自己制定更高的标准，充满征服欲和掌控感。实际上，在大自然面前，任何自负的行为都会破坏人与自然的和谐关系，打破平衡。在与自己相处时也是一样的，制定高标准的想法是正向的，但是也应该清楚自己的能力水平，顺应自然规律和时势要求。任何人违背了这个原则，都会陷入情绪的泥潭里，让自己烦恼不堪，也无利于自己的发展。

好高骛远是空想，脚踏实地才是理想

人要有理想，就像《少林足球》里说的：“做人如果没有理想，跟咸鱼有什么区别。”可如果不考虑可操作性，一味眼高手低那就是好高骛远的空想了。

心理学家做过这样一个有趣的实验，他们在动物园猴子观赏区的地上撒了一包花生。接受实验的猴群蜂拥而上，捡吃地上的花生，其中那些强壮的猴子就把瘦小的猴子挤到一边，独自享用花生。

这时，心理学家又在屋顶上挂了一些对猴子来说更加有诱惑力的香蕉，强壮的猴子们又开始去抢夺香蕉。但是，那些香蕉挂得很高，它们根本够不到，那些猴子不停地上蹿下跳，无论怎么够就是够不着。

而没有了强壮猴子的争抢，那些瘦小的猴子开始顺利地捡吃地上的花生。于是，就出现了令人难以置信的一幕，那些企图够香蕉的猴子，尽管得不到，饿得饥肠辘辘，但是仍然没有罢手。而那些瘦小的猴子只敢吃地上的花生，在吃得饱饱后，甚至还有兴趣看那些在企图够香蕉的猴子。

最后，那些强壮的猴子终于累了，它们开始回到地上捡花生，可是那些瘦小的猴子却因为强壮猴子的劳累，赶走了强壮的猴子。不过事情还没有结束，瘦小的猴子打败强壮的猴子后，也开始跳着争抢屋顶上的香蕉。

就这样，之前的一幕再次上演，强壮的猴子和瘦小的猴子相互争夺花生和香蕉……好在这只是心理学家做的实验，要不然还不知道这样的争抢要到什么时候才会停止。

可能你会觉得猴子很可笑，明明知道够不到屋顶上的香蕉，仍不去珍惜地上的花生。其实，人类也是一样，很多人不懂得珍惜眼前能拥有的，总想着去争那些得不到的。直到有一天，发现那些遥不可及的幸福与成就并不属于自己，于是，回过头想去珍惜自己原本拥有的，却发现也没有了。也有很多人认为，别人能做到的事自己一定也能做好，而不考虑自己在学识水平、工作能力和心态上与别人有多大差距。要是能够让自己静下心来，认真思考一下，正视现实，摆正自己的位置，可能就会发现，那苦苦追寻的并不是理想，而是人的空想。一个人如果一直这样放纵自己的空想，早晚会被好高骛远的黑洞吞噬掉。

世界上的每一个人都想拥有美好的事物，这也是人类能够不停发展的原动力。同时，我们也应该记住，世界上的东西没有最好的，只有更好的。

我们所能得到的幸福，是你真正握在手里的，而不是你眼中不断憧憬着的和无法把握的。的确，每个人都有权利追求自己的理想，然而一旦你的理想变成了空想，那你付出的越多，只会离成功、幸福越远。

西方流行这样一句谚语：如果你能够平静地生活，就能够拥有平静的心态。这句话的意思是说：幸福未必来源于光芒四射和惊天动地的大事中，从平静和简单的生活中你一样可以获得幸福。也许你非常羡慕明星的生活，认为他们生活都很幸福，可是如果你真的成了明星，也许你就会发现，明星们的工作也是非常辛苦的，他们的生活也会受到各种限制，也许他们获得幸福比普通人更为艰难。再退一步说，你真的已经准备好成为明星了吗？由此及彼，所有的事情都一样，换个角度看问题，或许更能对自己的事业与生活有所帮助。

放下过去，轻松做自己

我们总会有一些情绪低落和沮丧的时候，这个时候，认真琢磨一下就可以发现，人生中并没有多少事是真正的麻烦事，也没有多少事的结果不能承受。只要我们能够放下执念，拥有淡然的心境，那就不会有什么事能够真正牵绊我们，也没有什么事情能够影响我们的情绪。

放开执念可以让我们活得轻松。不要总执着于过去，现实中有一句话最能说明我们的真实情况，那就是“事不关己，高高挂起；事若关己，内心则乱”。对待发生在别人身上的事情，我们往往能做个旁观者，保持清醒的头脑。万一事情发生在我们自己身上，那么我们极有可能把曾经引以为傲的定力抛到九霄云外。这便是一种执念。我们这里所说的放下，是一种释怀，是来自心灵深处的放松。下面我们分享一个故事。

艾迪先生遭到了极大的打击，他半生积攒的财富随着股票市场的狂跌一夜之间消耗殆尽。艾迪没有办法接受这个现实，他感觉自己已经完全被悲观和绝望包围了。一天晚上，艾迪沮丧地在一座大桥上徘徊。盯着桥下奔流的河水，他的脑海中似乎充斥着一个声音：“跳下去吧，跳下去吧，只要再向前迈一小步，你就解脱了。”

正在艾迪的右脚刚刚抬起准备往前迈一步的时候，他忽然听到不远处传来一阵低低的哭泣声。他顺着声音的方向走了过去，发现有一位女子俯身趴在不远处的桥栏上，看她的样子，似乎很伤心。看到哭得这么伤心的人，艾迪暂时忘记了自己的痛苦，他慢慢走上前，问道：“姑娘，恕我冒昧，请问你为何哭得如此伤心？发生了什么事情呢？”听到艾迪询问，女子慢慢抬起头看着艾迪，看到艾迪面上带着友善，便向他倾诉了自己遭遇的不幸。原来，这位女子被和自己恋爱多年的男友抛弃了，她感到非常心痛，觉得人生从此都失去了意义。

艾迪听后，不禁笑了起来，他说道：“原来是这样呀，你完全没有必要这样难过，你不妨想想，在你没有和抛弃你的男友认识以前，你不是也生活得很好吗？况且，这位男友现在抛弃了你，总比你们结婚之后发现他不爱你，更好吧，你应该感到幸运，没有跟这样的人结婚生活在一起。”那位女子听艾迪说完，似乎茅塞顿开，她马上擦掉眼泪露出了笑容：“我明白了，非常感谢你，以后我再也不会因为这件事哭泣了，我一定会像从前一样好好爱惜我自己的。”说完话，还非常诚恳地向艾迪鞠了一躬。

看着女子渐渐远去的背影，艾迪也回想起了自己的不幸：我刚才安慰别人的时候那么清醒而理智，换到自己头上怎么就也糊涂了呢？想象当年，我也是两手空空，现如今，也不过是从头再来罢了。于是，艾迪带着轻松的心情回到家里，好好睡了一觉。第二天，他满心愉悦地去了阿拉斯加。他凭借自己的毅力和信心，对当地的情况进行了深入的研究和分析，并且在别的石油公司搬走之后，接手了废弃的钻井，继续进行石油的开采。

没过多长时间，艾迪就在石油开采方面赚了很多钱，把炒股失去的那些钱翻倍赚了回来。

有人曾说，过去的事情就让它过去，就像是云烟会随风飘散一样。我们不应该沉浸在过去已经发生并且无法改变的事情当中，那些都是过去的辉煌或者惆怅。无论在什么时候，我们都应该相信，时间的确可以冲淡一切。不管是你曾经体验过什么样的酸甜苦辣、令你肝肠寸断的困境，曾经拥有过什么样的辉煌事业和事迹，都会在岁月的流逝中慢慢磨平。因此，我们没有必要被往事束缚，也没有必要让自己总沉浸在过去或苦或甜的回忆里。把那些早该被埋葬的是非对错从记忆里抽出来埋葬，也许会成全另外一种美丽。

人的一生，升沉也不过似一阵秋风。升就是人生的上升期，每个人在上升期都会感到春风得意，意气风发，只要你自己把握好尺度，便会从中体会到自我价值的实现，心理上也能获得一定的满足感。沉则是人生处在低谷的时期，这时如果让自己陷在情绪低迷、自我否定之中，那么不仅无法帮你尽快走出阴郁，对以后的发展也会十分不利，想不开也放不下，无法调节自己的情绪平衡，保证情绪稳定，那就很难再有心力做好别的事情。

放下过去的一切，轻松做回自己，让自己生活得更加开心和快乐。凡事无需太过执着，否则只能增加我们的压力。如果我们能够放开执念，放下牵绊，那我们的生活则会更加轻松美好，人生也将更加幸福。

让自己微笑起来

对一个人来说，微笑就是他最漂亮的那张名片。微笑能够带给人快乐，快乐是生活的基调，也是人生中的主色调。一个快乐的人，即便处在人生的低谷，也仍然会对生活充满希望。快乐的人就如同一束耀眼的亮光，不但能够照亮别人，还可以温暖自己。

我们来看一个故事。

苏姗在一家证券公司上班，是一位标准的职业女性。由于工作压力较大，再加上家庭中遇到了一些不顺心的事情，苏姗经常感到身心疲惫，她的脾气也变得越来越暴躁，甚至会激动地大发脾气。在家里的时候，她经常板着脸，很少微笑，所以家里的氛围很压抑。在办公室的时候，她的嗓门很大，脾气又容易急躁，经常和同事发生言语上的冲突。后来，苏姗意识到了自己的问题，尽管她也很想改变这种状态，可是很多时候，她仍然控制不住自己。“可能和我长期的精神压力大有关系，我觉得所有的事情都会让我生气。”后来，她的丈夫陪着她去看了心理医生。心理医生了解苏姗的情况后，告诉她，要想改掉经常生气或者发脾气的状态，就要强迫自己保持冷静和平和，要时时把微笑挂在脸上，这样做才可能恢复到之前的美好生活中，才能和亲人同事相处融洽。心理医生最后还教了一些利用微笑的技巧，并让她牢牢记住一定要时刻对每个人微笑。

在之后的日子里，苏姗将心理医生的建议铭记在心，她试着对每个人微笑：早上，她会对着镜子里的自己微笑；打招呼时候，她对丈夫和儿子微笑；出门上班时，她对遇到的每个邻居都微笑着说“早”；在交易所的柜台后面，她对每个来办理业务的客户微笑；忙碌的工作间隙，她还对同事微笑。

开始的时候，她还有一些尴尬和不适应，但是通过微笑，她觉得自己的生活逐渐开始有了变化，周围的邻居和同事对她也比以前更热情了。一次，她还听到别人私下里议论她，说她现在变得春风满面，气质温柔，如果跟以前趾高气扬，神情冷漠的样子相比，现在就好像变了一个人。

“我觉得微笑给我带来了很多的财富。”这个曾经被公认为脾气差的女人微笑着说，“我现在每天都非常快乐，我也终于真正体会到了生活的美好。”微笑一下，气就会消一些。有很多人在忙着寻找快乐和幸福，然而却遍寻不到。其实，生活中的幸福有很多，关键是要“保持高度的幽默感。” 比尔·科斯比是一位喜剧演员，被人们亲切地称为“天才老爹”，他曾经说过：“如果你能够在所有的事情上都发现那么一点幽默，那你就能够用自己的微笑淹没所有的痛苦，而所有的困难也都会迎刃而解了。”

生气是一种消极的情绪，它一旦爆发，所有美好的事物就会被摧毁。生活中总会遇到一些烦恼的事情，如果你因此就大发雷霆，不但会伤害到周围的人，对自己也是一种深深的伤害。只有学会豁达乐观地生活，微笑面对一切事物，做到不以物喜不以己悲，那时，你就能够体会到人生真正的快乐和幸福。

我们每天都会面临各种大事小情，有好事也有坏事，有困难的也有容易的，有些事需要我们去解决，有些事需要我们把它摆脱掉。这个过程中需要有足够的耐心和毅力，最重要的一点是要有必胜的信念，这是生活的希望所在，然而微笑就是那种能够给人力量和希望的东西。

常言说：“幸福的心灵就像一剂良药，能否使患病的人恢复健康。”如果怀抱着痛苦不愿意忘记，那最终也会被痛苦淹没。歌德曾经说过：“把生活看得太严肃，还有什么价值呢？如果早上醒来我们没有感受到新的喜悦，如果夜晚降临没有赋予我们对新的幸福的期望，那么每天的睡觉和醒来还有什么价值呢？今天的阳光照耀在我身上，我就应该去认真地感受生活。”

面对僵局，你可能需要中场休息

努力工作的过程，其实也是不断面对新挑战的过程。在工作的过程中，我们不可能预料到每一次意外事件，在遇到紧急情况时，很多人会因为应急处理能力不足而陷入一种紧张焦躁的状态。然而，很多工作表现出色的人，会懂得在情况开始恶化之前，先尝试让自己进入中场休息。

林楠就是这样一个人。他在主持一场会议的时候，会场上突然失去了控制。这是因为，参与会议讨论的同事们从一开始的各抒己见，到后来因为意见不一，而陷入尴尬的争执境况。眼看形势越来越不对劲，林楠做出了一个决定：会议暂定，中场休息。

面对喧哗不止的会场，林楠比了个手势让大家停了下来，说：“看来这个问题大家都有不同的看法，不过今天我想大家都累了，先散会吧，回去以后我们都思考一下今天所有的提议，明天一早我们继续商议。希望经过一个晚上的消化，大家会有更多更好的想法。”结果，第二天的会议中，大家气氛十分融洽，并且也都提出了更好的解决方法。

面对巨大的压力时，我们往往很难保持理智和清醒去和他人交流，这种情况也经常在职场和团队交流中发生。能够做到在任何紧急状态下都淡定自若的人非常少，而当局势难以控制，情绪也几近失控的时候，让自己及时地来一次中场休息，是非常重要且有必要的。

中场休息的好处就在于，所有情绪化的反应可以得到适当的缓冲，而利用这段短暂的缓冲时间，可以反思自己的言行是否得当，可以思考当下的事情是否有更好的方法去解决。当你无法掌控局面时，当你和他人的交流产生障碍时，最简单的做法就是中场休息。

职场中，能力再强的人也会遇到紧急情况，再成功的人也会遇到各种冲突，但他们往往能够坦然地应对这些，原因在哪里？就在于，他们明确冲突是难以避免的一部分，而且他们明白，当他们坚持己见时，可能接下来会遇到更大的阻力。因此，成功者和失败者一个很大的区别就在于，成功者会把这种阻力看作一种机会，而不是一种威胁。

你需要判断的是，如今这个局面能否维持下去，如果不能，那么是否应该中场休息一下？如果时间比较紧，无法拖延时间，那么也需要一个简短的暂停。

发怒前，先想想别人的优点

人是群居动物，每个人都有交往的需求。既然是交往，就不可避免地要进行磨合，自然就会产生摩擦和矛盾。很多时候，我们总是容易看到自己的优点，而忽视自己的缺点。人们经常会用“志同道合”“默契”等词来形容那些性情相投的朋友，而对于那些一开口就针尖对麦芒的人，人们只能用“不对付”来总结。实际上，如果我们每个人的心态都能宽和一些，人和人之间的相处就会容易很多。

在现实生活中，有的人严于律己，宽以待人，这些人就会很好相处；但是也有一些人，他们严于律人，宽以待己。试想一下，和这样的人相处会是多么困难。归根结底，人和人之间的交往是否融洽，最关键的因素在于人们怀着怎样的心态和别人交往，用怎样的态度对待别人。不管是在工作还是生活中，如果你想要拥有好人缘，想要结交更多的朋友，那就要学会在欣赏别人优点的同时接纳别人的缺点，因为我们同样也是有缺点的。

在和人交往的过程中，如果发现对方的一些缺点或者过失让你无法接受，也不要盲目冲动，我们需要先保持冷静，多想想对方的优点衡量一下，同时也缓解一下自己冲动的情绪！对此，企业家爱德华·贝德福是这样说的：“每次当我快要控制不住自己的情绪，将要发怒的时候，我都会先强迫自己坐下来，拿出纸和笔，写出某人的优点，在我完成清单的过程中，我内心冲动的情绪也会随之减少，这个时候，我的头脑冷静了下来，我就能客观公正看待问题了。这种做法已经成了我的工作习惯，很多情况下，它都能有效遏制我心中的怒气。慢慢的，我意识到，要是每次遇到事情，我都不顾后果地发火，那一定会付出惨重的代价。”其实，贝德福的这个习惯来源于他年轻时经历的一件事。

这件事发生在美国最著名的石油公司，因为一位管理人员做的一个错误决策，整个公司亏损了200多万美元。当时，洛克菲勒是这家石油公司的老板，而贝德福是合伙人。当贝德福听说这件事的时候，他没有马上去公司，而是从侧面了解到，公司遭受了这么巨大的损失后，那位管理人员竟然一直在躲避洛克菲勒，想要通过躲避躲过这一劫。贝德福认为这件事情非常棘手，不禁心里对那位管理人员产生了责难，带着怒气去了洛克菲勒的办公室。

当他推开门的时候，看到洛克菲勒在低头写东西。可能听到了脚步声，洛克菲勒抬起头，对他说：“哦，是你，我想你已经听说了吧，我们公司遭受了很大的损失。我想了很长时间，在叫那位管理人员来讨论这件事情以前，我做了一些笔记。”贝德福点点头表示赞同他说的，然后想了一下，洛克菲勒可能正在计算这次的经济损失，这样讨论时才更有说服力。他走过去，拿起洛克菲勒写的那张纸看了看，一下呆住了，洛克菲勒并没有写任何有关这次经济损失的事情，而是写了那位管理人员的很多优点，其中包括，那位管理人员曾经也做出过三次非常重要的决定，都是有益于公司的决定，洛克菲勒还在最后写了一句话：“他为公司赢得的利润远远超过这次损失。”

看了洛克菲勒写的那些，贝德福有些疑惑。但是，洛克菲勒却看着贝德福，用平静的语气说：“你是不是认为我会处罚那个让公司损失了200万美元的家伙？我觉得这样的做法不太合适。当听到公司损失的消息时，我的心里也非常生气，我想马上解雇这个人。可是，在我平静以后，我发现事情其实没有那么糟糕，经济损失以后可以弥补回来，但优秀的员工一旦被解雇就不可挽回了。”当然了，最后那位管理人员没有受到严厉的处罚，贝德福心里的怒火也消失了。

这件事对爱德华·贝德福产生了很大的影响，以至于后来他在回想这件事情的时候，还发出了这样的感慨："我永远也不会忘记洛克菲勒当时处理这件事情的态度，它对我以后的工作和生活都有很大的影响，从那以后，我慢慢变得不再因为别人出现过错就马上生气。在面对自己的怒气时，我已经有了高级的预防方法。"从贝德福在朋友和员工中越来越受欢迎的情况来看，我们就能确定他的确做到了。

只有接受别人的过错，宽容地接纳别人的缺点，我们才会成为更受欢迎的人。在和人相处的时候，我们不要因为别人的一点缺点，就完全否认他的优点，也不要把别人的缺点无限放大。正确的做法应该是放大别人的优点，缩小别人的缺点，用平和的心态接纳别人、宽容别人。

Chapter 4

情绪释放

给负面情绪一个合理的出口

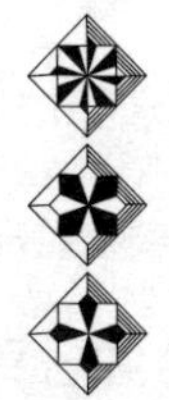

欣赏自己，挖掘自己的潜能

我很欣赏这样一句话："自己与自己的心交流，要赞美它，让它感受到你对它的赏识，那时候它才会向你释放灵感。"

生活中很多人都有过这样的梦想：等我长大以后，一定要站在世界的"最高处"一览众山小。但是当他们长大后却发现，能够实现这个梦想的人非常少，归根结底，还是生活中许多人不懂得挖掘自己的潜力，不懂得如何欣赏自己。

曾经有一位心理学家做过一个实验：他从一群学生中挑选了一个女孩，这个女孩有些愚笨，在同学中不太受欢迎，而且还有一些自卑。心理学家暗中要求她的同学改变对这个女孩的负面看法。同学们按照他的要求去做，在之后一段时间的学习和生活中，同学们积极和这个女孩交往。男同学经常夸她长得漂亮，女同学则经常夸奖她聪明伶俐。一个学期以后，这个女孩的变化非常大，跟之前相比简直不是一个人了。之前她身上的自卑感完全消失了，她感觉自己获得了重生。

由此可以看出，别人的欣赏和赞美真的可以让一个人得到脱胎换骨的改变，让这个人不知不觉中变得更加优秀。但是别人的欣赏一般需要别人的“配合”，不是想要得到就会有的，很多时候我们不一定会得到别人的欣赏。那我们可以试着换个角度思考一下，既然别人的欣赏能够改变一个人，那么自己的赞美和欣赏是不是也会有同样的效果？就像开头提到的“自己与自己的心交流，要赞美它，让它感受到你对它的赏识，那时候它才会向你释放灵感。”的确，通过自我欣赏，我们完全可以让自己变得更加优秀，同时让自己的潜力得到更大的发挥。

一个人首先懂得欣赏自己，才会用欣赏的眼光看待身边的人。如果你想要更加懂得欣赏自己，可是试试下面的几个方法：

1. 发现自己的闪光点

欣赏自己，首先要善于发现自己的闪光点。哪怕只完成了一个小小的目标，也要记得肯定自己，找出自己的优点。在遇到困难的时候，可以想想自己的优点，给自己增加自信，从而更好地实现自己的价值。

2. 不断超越自己

想要在激烈的社会竞争中取胜，就一定要做到不断超越自己。发扬自己的优点，欣赏和相信自己，促使自己不断成长，才能让自己展现已有的能力和价值。

3. 欣赏自己，但不自负

学会欣赏自己，并不意味着自负。我们可以从日常的工作和学习中发现自己的闪光点，了解自己的优势，懂得自己的重要性，这样的你才会更有魅力。

欣赏自己，是源于我们对自己生命的珍爱和重视，不是让我们去鄙视别人而嚣张狂妄；欣赏自己，是让自己摒弃浮躁和愤懑，让自己变得更加理性和成熟，而不是让自己变成一只身在井底看不见广阔蓝天的“井底之蛙”。

卡耐基说过一段话，非常值得我们用心思考：“发现你自己，你就是你。请记住，在这个世界上，没有人和你一样……你在这个世界上是独一无二的存在。你只能用自己的方式唱歌和绘画。你的经验、环境和父母的遗传基因成就了你自己。不论好坏，你都只能在自己的小园地上耕耘，不论好坏，你只能在自己的生命乐章中演奏自己的音符。”的确，我们在这个世界上是独一无二的，这个独特的“我”既有令人满意的优点，也有让人感到遗憾的缺点和不足。在这个世界上，我们要想尽可能发挥出自己的潜能，尽可能自由、自信地生活和工作，就一定要学会接纳自己，欣赏自己。

在现实生活中，有很多令人生气的理由，其中的一个理由就是因为自己的缺点。可能你听到这个理由会觉得好笑，但是的确有这样的人。如果一个人只能看到自己的缺点而看不到自己的优点，那他的内心肯定会有很多怨气。要是他能够全面地了解自己和欣赏自己，那生活中就会少很多痛苦。

欣赏自己，也是掌控自己情绪的一个途径，当我们在生活和工作中遇到困难的时候，多看看自己的优点，挖掘自己的潜力，用乐观、积极的态度去面对困难，才能让人生之路走得更为轻松，更为稳健。

从喜欢的事情开始做，摆脱负面情绪

斯蒂芬最近接手了一个非常难做的项目，可以说，这是他在至今的职业生涯中遇到过的最棘手的项目。原本，这个项目不是他负责的，但是，负责这个项目的同事花了三四个月都没有拿下，部门经理就让经验更加丰富的斯蒂芬接手了这个项目。

实际上，斯蒂芬心中对这样的安排非常不满，因为他觉得虽然自己对此类项目经验丰富，但是经理不应该总以此为借口把那些难搞定的项目交给他。这样的项目一般得到的回报和付出是不成正比的。在斯蒂芬重新梳理这个项目后发现，完成这个项目真的需要花费很多的时间和精力，这更增加了他心中对此事的抱怨。

斯蒂芬试着从简单的部分着手做，可是一开始就波折不断，客户不接听电话或者接听后也不配合工作等，他的心情一下子变得糟糕到了极点。他让助理帮忙冲一杯咖啡提提神，再继续工作。

助理看着烦躁的斯蒂芬，轻声说："先生，我看您的情绪非常不好，不如先放下这项工作，让心情平静平静！”

斯蒂芬回答：“这怎么可以？这个项目时间非常紧迫，我一刻也不能松懈。”

助理又说：“先生，请您相信我，现在您的心情这么糟糕，工作效率肯定也不高，还不如先把心情调整好了再继续工作。”

后来斯蒂芬听了助理的建议，给自己放了一下午的假，来郊外欣赏美景。这个事情他已经计划了好几个月，一直忙碌没有时间放松一下，今天，在郊外，他吃着新鲜的瓜果，喝着新鲜的牛奶，和农场主开心畅聊，心情非常愉悦。这样的好心情一直持续到第二天上班。当他第二天坐到办公桌前，回想昨天的工作，他发现不是项目过于复杂，而是自己的方法不对，原来自己的情绪也影响了对事情的判断。就这样，斯蒂芬成功转移了坏情绪，这个他原本认为非常难做的项目最终轻松完成了。

当我们状态不好的时候，不妨换个喜欢的事情做做，远离单调的日常生活，抛开烦恼，放松心情，去体会下人生的美妙之处，这时候的情绪转移不是浪费时间，而是在积蓄更好、更积极工作的正能量。

扬扬是一家国际航空公司的空姐，可能和她的职业有关，和同龄的女孩相比，扬扬的脾气格外好。但是，不管脾气多好的人，也还是会有烦心事，会有压力和坏情绪。比如当她身体不舒服，心情也不太好的时候，在乘客面前仍要面带微笑，时间长了，不免让人感到烦躁和厌倦。这些情绪，都要靠自己去调节。所以，扬扬给自己规定，每次飞完国际航班回来，都要好好“犒劳”一下自己：请自己美美地吃一顿大餐，给自己买一件喜欢的衣服，然后再去做个 SPA，卸下所有的烦恼，彻底放松放松。最后回到家，幸福地睡上一觉，那些负面情绪很快全都消失了。当再一次回到工作中的时候，她依旧是神采奕奕、温婉大方的样子。

长时间的紧张工作和压抑的生活，容易让人产生疲劳感，情绪也会随之消极、低落。为了有更好的情绪和更饱满的状态继续下面的事情，我们需要调整一下当前的情绪，让自己从负面情绪中解脱出来。可以试着给自己一个放松的时间，利用这个时间，我们可以去做一些自己喜欢的事情，或者去做一些早就计划好但还没有做的事情。

走出倦怠，不做生活的囚徒

笑笑是一名高级白领，也是一位职场精英，无论对工作还是对家庭，她都尽力做到完美。笑笑不想和很多职业女性一样，把时间都用在工作上而忽视了家庭生活，所以不管她平时上班多辛苦，她都会抽出一定的时间来照顾家庭。她每天都会早早起床为家人准备早餐，收拾好家里后，再把孩子送到学校去。在公司忙碌一天，下午再去接孩子放学，回家准备晚餐，照顾好孩子和老公的生活。平时工作和生活忙忙碌碌的，有时候孩子睡了还需要在家里加班，好不容易到了周末休息时间，还需要送孩子去课外班。

这种没有停歇的生活让笑笑感到很疲倦，自己把工作以外的时间和精力都用在照顾家庭上，而没有在自己的身上花半点时间。周末去商场给孩子买衣服，在路过一间咖啡厅的时候，透过玻璃窗，笑笑看到靠近窗子边的座位上坐着几个和自己年龄差不多的女人，他们的脸上洋溢着青春的神采，那种恬淡的笑容和优雅的气质让笑笑非常羡慕。

看着眼前的一切，再对比一下自己的生活，笑笑明白了，自己的生活都被忙碌的工作和家务所填满，每天身体和心理的双重疲惫感让原本应该享受的美好生活变得繁重不堪。于是，笑笑下定决心，要想摆脱生活的疲惫感，真正享受生活，一定要改变自己的生活节奏和心态。回到家，笑笑和老公商定了一个“协议”：夫妻轮班做家务，这周是笑笑负责照顾孩子，做家务，下周由老公来照顾家庭，周末时间自己支配。这样做以后，笑笑终于有了自己的时间，虽然有的时候看到老公做家务的时候笨手笨脚也想上前帮忙，但她忍住了。笑笑告诉自己：慢慢开始适应吧。

周末的时光，笑笑就去以前喜欢的一家咖啡厅读读书，喝一杯咖啡，听听舒缓的音乐，或者去郊区呼吸一下新鲜空气，在大自然中体会一下舒适和惬意。她终于发现，生活是如此的美好，自己从前只感受到了生活的压力，都没有认真感受生活的多方面。这一切，都是因为自己之前总是忙忙碌碌而忘记了生活本来的样子，眼里都是琐碎的事情而没有看到生活的美好。

过了一段时间，笑笑发现自己身上有了明显的变化，整个人看上去神采奕奕，连走路都感觉轻松不少，公司的同事和老公都说她年轻了很多，甚至一向不善赞美的儿子也夸她变得漂亮了。如今，笑笑在工作上做女强人，生活上是老公的完美妻子，孩子的优秀妈妈，所有的这些都让笑笑感到非常的开心和骄傲。

在现实生活中，我们每个人都有心力交瘁的时候，也都有深感无力的时候，当这种倦怠的情绪出现的时候，我们都是怎么做的呢？如果任这样的情绪自由发展可能会导致我们的情绪越来越消极，因此，我们应该找出这种倦怠情绪的根源，解决问题，才能让情绪保持在积极的状态下，让我们的身心健康发展。

1. 深入分析自己的情绪

如果不想让情绪问题成为我们获得成功和幸福的绊脚石，我们就要深入分析一下自己的情绪，问问自己的内心，自己的情绪到底属于积极向上的，还是消极悲观的。要是情绪趋于正向的，积极的，那就继续保持。如果是后者，就要及时注意调节自己的不良情绪。

2. 经常反省自己

如果最近一段时间，自己总是心情低落，那就需要找个安静的地方，自己反省反省，想一想自己为什么这样，为什么如此的消极倦怠，回想一下最近发生的事情，该如何处理这些事情，并尽快解决掉未解决的事情。等到所有的矛盾都处理完，我们的心情和状态也就慢慢好起来了。

3. 努力让自己保持好心情

我们无力控制大自然的风霜雨雪，但是我们可以控制自己的心情。快乐的心情能够带来快乐的情绪，同时也会促使我们精神饱满地工作和生活。睡一个舒服的午觉，听一首喜欢的歌曲，哪怕吃一块自己喜欢的蛋糕等，都会让我们的心情变好，努力让自己保持好的心情，其实很简单。

用写日记宣泄你的烦恼

宋代词人柳永在和朋友分别之后，写道：“此去经年，应是良辰好景虚设。便纵有千种风情，更与何人说？”柳永在分别后，内心有满满的心事，却不知道和谁诉说。在生活中，我们也会遇到同样的情况，有时候觉得自己心事重重，又找不到可以倾诉的人，事情闷在心里更加难过，于是会唉声叹气。这个时候，不妨试着写写日记，把自己的心事记录下来，让默默无闻的日记成为你的知己。

日记记录的是已经发生的事情，等过后再翻开看的时候，往往可以站在客观的角度看待问题，不会再因为当时主观情绪影响判断。

小薇是一个应届毕业生，毕业以后，她找到一家外企文员的工作，不久之后，跟她同时入职的另外两个同事都升职加薪了，她却还是一个普通的文员。这个时候，小薇很有情绪，她嫉妒那两个与她一起来的同事，也在心里抱怨自己的上司不为自己考虑。她越想越感觉自己怀才不遇，慢慢也变得沉默寡言了，她很想把心中的烦闷跟朋友说说，但是又不想让别人知道自己的低落状态，于是，心情越来越糟糕。一次，整理物品的时候，她发现了上学时候的日记本，翻看当年写的那些往事和心情，她发现自己当时有很多单纯的想法。毕业后，因为工作繁忙，早就不写日记了，看着这些日记小薇想到，不如把现在的心情和烦恼也记录下来，跟日记倾诉一下，这样以后可以翻看翻看，还不会让别人知道，于是，她又开始写起了日记。

写完日记，小薇感觉自己的心里舒畅多了，等回过头翻看日记，她才发现原来自己的想法很不理智。两个同事加薪升职的是因为她们除了掌握英语，还精通另外一门外语，自己所在的外企正好需要的就是掌握多语种的人才。想到这些，她的心里就没有那么难过了。思考过后，小薇也开始意识到自己应该去找跟所学专业对口的工作了。后来，小薇辞了职，在一家新公司工作得很顺利，她非常感激自己当时写下的日记，是那些文字让自己想通了问题的原因。从此以后，小薇开始天天写日记，她把自己的喜怒哀乐写到日记里，放松心情的同时还能通过日记纠正自己的错误。

每个人都希望自己能有三五个知己，得意时，分享自己的快乐；失意时，分担自己的悲伤。但在现在的社会环境中，每个人都很繁忙，都有很多事要做，很少有人能够真正花费心思和时间听我们倾诉。因为不想让家人为自己担心，所以家人不方便成为知己；因为会有一些利益的牵绊，所以同事也很少能成为知己；彼此都不熟悉的陌生人，更是不可能。这样看来，日记真是最容易得到，又最合适的知己了。我们可以在日记里记录自己的喜怒哀乐，同日记倾诉自己的心情。日记会永远默默无闻地陪伴着我们，它完全有资格成为我们的知己。

法国作家大仲马说过：“人生是由一串无数个小烦恼组成的念珠。”在我们日常生活里，怨恨、悲伤、忧虑或者愤怒这些消极的情绪都是最常见的情绪反应，如果把这些情绪闷在心里不发泄出来，那么很容易让整个人都陷入到不良的情绪里，也很容易让一个人感到孤独和压抑。因此，我们需要用合理的方式放松自己。实际上，很多时候，我们所说的放松就是发泄心中的不良情绪。如果能够无压力地宣泄自己的不良情绪，把心胸打开，就会减少很多不必要的烦恼，还能够避免自己的不良情绪影响到别人。

及时休息，不要被“病态的野心”所驱使

大约在两年前，我得了一次严重的急性肠胃炎。那个时候，我的作息时间不规律，晚上经常很晚睡觉，早上又强迫自己早早起床，根本不懂及时休息的重要性。就算仗着年轻，身体也经不起这样长时间的折腾。

那天下午我监考学生考试，结果不停地去洗手间，呕吐腹泻，非常痛苦。之后的几天，基本上吃什么都会吐出来。就连喝下的小米粥也会吐出来。在那之前，我也得过肠胃炎，但是都没有那么严重。看病的时候，我问了医生：“为什么这次的急性肠胃炎会这么严重，只是因为吃了辛辣的食物吗？”医生告诉我：“辛辣食物只是诱因，最重要的原因是你身体的抵抗力太低。你是不是经常熬夜，作息不规律？”

是啊，我经常加班熬夜，搞疲劳战术，结果身体吃不消了。

人的身体就像一个淘气的孩子，如果你不好好呵护它，它就会抗议。身体生病本质上是用一种特殊的方式告诉你：该好好休息了。比如，一个人如果患了感冒，恢复健康最好的方式就是多喝水、多休息，加强身

体内在的正气，以把感冒症状赶走。如果你不重视，完全对身体的反应不管不顾，那么时间长了，身体就会发生严重的反应，影响工作和生活，这完全是一件得不偿失的事情。

生命如同一场马拉松，一个人如果不懂得及时休息补充体力，那他就很难平安到达终点。不管你有多么大的雄心，没有好的身体，一切都是空谈。

前几年，复旦大学一位女教师于娟因为患乳腺癌不幸去世，她在《此生未完成》这本书里写道："我曾想要在三年半的时间内同时搞定一个挪威硕士学位、一个复旦博士学位。然而博士始终并不是硕士，我拼命日夜兼程，最终没有完成给自己设定的目标，恼怒得要死。现在想想就是拼命拼得累死，到头来赶来赶去也只是早一年毕业。可是，地球上哪个人会在乎我早一年还是晚一年博士毕业呢？"

"虽然我极不擅长科研，但是既然走了科研的路子就要有个样子。我曾经的野心是两三年搞个副教授来做做……为了一个不知道是不是自己人生目标的事情拼了命，不能不说是一个傻子干的傻事。得了病我才知道，人应该把快乐建立在可持续的长久人生目标上，而不应该只是去看短暂的名利权情。"这些正是她对自己"病态的野心"的认真反思。

前些年有一部非常火的电视剧《奋斗》，剧里面陆涛的爸爸对陆涛说过一句话："不管开什么车，遇到状况的时候，你都要懂得及时刹车。"如果把这句话用在生活中，解释就是：不管你正在努力追求的目标是什么，当你的身体感到不舒服时，都应该立刻停下来休息。

以前我不懂得爱惜身体，也没有在意及时休息的重要性，总是使劲地往前跑，直到生病，才会停止。现在我比以前更忙碌，但是我知道爱惜自己的身体了，也知道怎样做身体才能健康运转。需要休息时就得及时休息。

如果我感到大脑有些疲劳，不适合再继续看书，我就会马上放下书，出门活动活动；如果连续几天都很忙，睡眠时间也很少，我就会想方设法抽时间好好睡个觉；如果最近没有好好吃饭，总是匆匆忙忙，那我一定会找个空闲的时间好好吃一顿。

然而，知道是一回事，行动是另外一回事，从开始意识到"及时休息"的重要性到逐渐做到"及时休息"，我也经历了很长一段时间。慢慢地，我对自己的"病态的野心"有了更清醒的认知，每次生病后，我的大脑中就会更加强调"及时休息"的重要性。

读者朋友们，如果你也意识到自己正在被"病态的野心"驱使，请让自己暂时停下来休息一下，务必要关爱自己的身体。

Chapter 5

情绪选择

智慧生活，让“积极”常驻心底

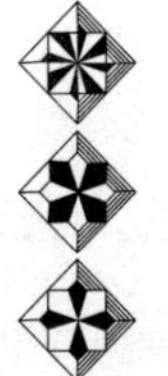

专注于简单，舍弃一切不必要的

勤俭节约是中华民族的优良传统，因此我们从小到大受到的教育都告诉我们，要懂得节约，要懂得积攒，才能增加自身对于生活的掌控度和安全感。但是，如果没有正确认识“积攒”这个观念，“积攒”很可能就会产生反作用。日积月累的积攒后，我们会生活在一堆旧物和杂物中，这不仅会给生活带来许多麻烦，而且会让我们的心境变得越来越烦躁。

小燕在一家报社当编辑。从前，她总是习惯在下班后开展交际活动，或是约客户谈事情，或是与朋友在茶馆、酒吧里相聚。在她看来，这是一个交际的时代，她的这种方式不仅有利于她捕捉新鲜事物，而且是一种生活潮流。

然而，这样的生活过了几年后，小燕有点吃不消了，每天回到家总是深夜，休息的时间变得越来越少，时间和精力几乎被频繁的交际消磨殆尽。而且，这样的生活对她的业务能力并没有任何提高的作用，人际关系也变得越发沉重，她的心也随之烦躁了。

后来，她终于尝试改变这种生活状态了，开始拒绝一些不必要的交集活动。每天下班以后，她都会一个人回到家里，听听音乐，看看电影和杂志，写一些自己喜欢的文字，按自己想要的方式去生活。在她看来，现在这种生活状态才是最适合她的，也是最舒服的。

在如今信息大爆炸的时代，人的生活方式变得越来越复杂。而这种复杂，多半是来源于我们内心的欲望。其实，生活也可以很简单，归根结底，就在于你的内心是否足够平静。

如果你觉得你的生活非常复杂，那么，很大程度上是你自己把生活变复杂了，而不是生活本身很复杂。因为，你觉得自己的能力足够强大，值得拥有更多东西，甚至足以改变很多人的生活，因此内心的欲望越来越强烈，这种欲念，被你误以为是美好和力量。正是因为如此，你让更多的不确定因素充斥着你的生活，导致不快乐的因素随之增多。这种情况下，人心难免会浮躁。这就好比，你怨恨这个世界在你付出了那么多之后，都没有给你应有的回报。

然而，如果生活回归简单，内心回归纯净，把一些不必要的欲望摒弃，那么生活中不快乐的因素也会随之减少。到最后，剩下的只是你喜欢的、可以接受的、最简单的生活方式，也许不够时尚，也许不够潮流，也许不够刺激，但是你的心会变得淡定而从容。

更重要的一点是，这样简单的生活方式，会让我们更加靠近自己想要的人生。看似舍弃，其实是掌握更多值得掌握的事物。因为身外之物变得可有可无，那么我们的生活少了这些，就变得纯粹而舒心。

所谓“简单生活”，并不是指清苦的生活，也不是让你辞去如今稳定的工作，依靠微薄的存款或是他人的救济去生活。“简单”二字，是舍去过度的欲念，更从容地去生活而已。

简单有许多好处，例如，我们不再为金钱而感到困扰，不再为他人的评价而感到糟心，而是依照自己的内心去过自己想要的生活。你开始明白和确定自己的价值，而不再追名逐利，不再靠他人的认可来肯定自己。这种简单而纯粹的生活，会让我们认清生命本应该有的模样。为了进一步认清它，我们可以从一切琐碎的事务入手，去观察和分析我们生活中的一切，哪些是必需品，哪些则可以大胆舍弃。

1. 要记住“断舍离”的原则

简单的生活要把握“断舍离”的原则，也就是我们常说的删繁就简。

这里并不仅仅指生活物品需要“断舍离”，还包括将我们一切多余的欲望也舍去，只留下最合理的，最简单的；将一切不确定的舍去，只留下能让我们淡定从容的……

2. 有些事不要等到来不及了才想起要去做

人们总喜欢对未来生活做展望。工作的时候展望假期去享受生活，孩子小的时候展望孩子长大……未来是充满不确定因素的，很多事，不能等到来不及了才想起要去做。

人们常说：“活在当下。”这句话不无道理。活在当下，学会享受现在已经拥有的时间，学会享受现在已经拥有的生活，这是拥有简单生活最直接的方式，也是最容易获得快乐的方式。

3. 反问自己：到底想要怎样的生活

诚然，很多人是没有想过自己到底想要怎样生活的。更多的人，是人云亦云。看到别人正在做某件事，想着自己也应该跟着去做。只是，别人的生活方式不一定是适合自己的，如果没有自己的思考，会失去了生活的意义本身。

4. 避重就轻

现实生活中，很多人都感觉到来自四面八方的压力。然而，与其受压力所困，不如学会忽视这些压力。压力往往来自一些能力范围以外的事情，如果经过了很大一番努力依旧做不好一件事，不妨学着把它放在一边，专注于一些可以做好的事情。

人的时间和精力是有限的，如果无法达到这个事情的某个标准，那么就无需再去勉强自己，无需再去苛求自己。

利他也是利己

如果我们留心观察，就会发现，在生活中总有一些人喜欢占小便宜，但是绝吃不得一点亏，也不愿意为身边的人提供一些哪怕很简单的帮助。这样的人常常会为了眼前的利益跟别人争夺不休，还有可能为争点小便宜而大打出手，最后，看上去好像是取得了胜利，赚到了便宜，殊不知，从长远看，这些人其实是吃了大亏还不自知。

在美国铁路大王安德鲁小的时候，别人经常为了逗他玩，扔给他一分和二分的硬币，安德鲁总是会选择捡起一分的硬币，放弃二分的。别人都笑话他，说他傻，不懂得拿多的，于是对玩这个游戏乐此不疲。一次，他悄悄跟他的好朋友说："如果我每次都捡二分的，他们会觉得不好玩，没意思，以后就再也不扔硬币给我了。"

这个故事往深层次挖掘，会发现这里其实还包含着利己与利他的思维。拿面额大的硬币当然是利己，哄别人开心则是利他。很多人，尤其是学生和职场新人，常爱犯零和思维的错误，认为一方获得好处必然意味着另一方遭受损失。而这个小故事提示我们，很多时候并不需要在利他还是利己间做出选择，它们是可以共存的。

在日本战国时代，群雄并起，其中当数织田信长的气焰最嚣张，也最有希望统一全国。但是织田信长却有个致命的弱点，就是他非常看重现实利益，精于计较和算计，甚至有时候为了现实中不影响大局的一些小利益，他会背信弃义。有一次，他的兵力由于支援盟国而陷入包围圈，他当时面临的抉择是：如果继续支持盟国，就会再损失一部分兵力；而如果就此撤兵，还可以保存自己的实力。毫无疑问，他选择了后者。

当时他的属下大将丰臣秀吉却不认同他的做法，丰臣秀吉认为：如果选择后者，的确能保存自己的实力，不用再损兵折将，但是在世人看来，这完全是背信弃义。要是从长远的战略意义来看，以后要想统一全国，不知道需要付出多大的代价才能挽回人心、重塑形象。

之后的情形和丰臣秀吉料想的一样，每当到了要对方投降或者想和对方结盟的时候，对方就会说："信长家背信弃义，不可信。"最后只能一座座城池、一个个地盘苦攻苦打，消耗了几倍于先前的兵力。

在人际交往中，很多事情表面上看你是吃亏了，实际上，吃亏和让步是一种长远的投资，也是朋友之间相互交往的前提条件。如果一个人在和别人交往的过程中，心里总想着要占便宜，别人肯定也不会真心和这种人交朋友的。所以说，爱占小便宜的人首先在做人上就已经吃了大亏，他们总是考虑个人的得失，忽视别人的感受，时间长了，周围的人自然就会远离他。生活中没有几件关乎生死的大事，大都是琐碎平凡的小事，很多矛盾和纠葛也都是由小事引起的。我们说“吃亏是福”，这并不是软弱者的自我安慰，一个人肯吃亏，通常会得到预期外的回报。

在职场上，什么样的员工容易脱颖而出，被领导记住，受同事欢迎呢？通常是那些有着利他行为的人。

西汉时期，每逢过年之前，皇帝都会赏赐给每个大臣一头羊。但是在分羊的时候，羊总会有大小和肥瘦之分，这个问题常常让负责分羊的大臣犯难，他们想不出来用什么办法分才能让每个人都满意。就在分羊大臣束手无策的时候，一位大臣率先从人群中走了出来，他只说了一句：“这批羊很好分。”说完，自己牵了一只又小又瘦的羊，高兴地回家了。其他的大臣见了，也都纷纷效仿，谁也不再挑剔，直接牵一头羊就走。摆在分羊大臣面前的一道难题就轻而易举地解决了。那位最先牵走羊的大臣最后不但得到了众人的尊敬，还受到了皇帝的重用。对这位大臣来说，吃亏不正是得到了福，利他不就是最好的利己吗？！

管理好自己的情绪，做生活的智者

著名主持人蔡康永曾说：“愤怒的人发怒的立场，跟接受愤怒的人收到的讯息，有时对不上。即使你发火，你那个怒气也是白发。”现实生活中，有很多人遇到稍微不顺心的事情就怒不可遏，火冒三丈，甚至等不及别人解释，自己就先把自己气个半死。这种人也就算不上是聪明人了，因为他们在生气的时候，不是惩罚别人，而是用别人的错误来惩罚自己。所以说，在生活中，真正的聪明人是不会轻易生气的。

在美国南部，有一片非常漂亮的农场和一座气派的庄园，它的主人叫比尔·阿尔伯特。谁也不会想到，在比尔年轻的时候，家里的土地还不及现在的万分之一。那你一定也很好奇，从穷小子变成坐拥万亩庄园的富翁，他是怎么做到的？比尔年轻的时候，他的家里非常贫穷，有时甚至会填不饱肚子。那时，他也会抱怨上帝，抱怨命运的不公，但是，他每次抱怨的时候，或者是遭受欺负忍不住想要发脾气的时候，他就会马上跑回家，绕着自己家的房子和土地跑三圈，跑累后就坐在房子旁边休息。

每次跑完之后，比尔都会更加勤劳的工作，努力地赚钱，因此，经过多年的积累，他的钱越来越多，他便用这些钱买了更多的土地，修建了更好的庄园。可是，不论他赚了多少财富，只要他忍不住想要发火的时候，他还是会绕着自己的土地和房子跑三圈。他的亲朋好友都不明白他为什么这样做，当他们向比尔询问的时候，比尔都是一笑而过。

经过半辈子的努力，比尔也成了当地财产最多的人，随着时光的流逝，他的房子越来越大，土地也越来越多，可是几十年来，他还一直坚持着这个习惯：只要一生气，就会绕着房子跑三圈。

一天，比尔又发怒了，但是他的年龄大了，再也跑不动了，只能拄着拐杖慢慢行走。等他走完了三圈，累得连自己的拐杖都扶不稳了，跟在一旁的孙子实在不忍心，就劝他说："您的年纪已经这么大了，现在周围已经没有人比您的土地还大，您不要一生气就绕着土地跑了。您能告诉我为什么您一生气就绕着土地跑吗？"

看着可爱的孙子，比尔终于说出了藏在心中多年的秘密。他告诉孙子："在我年轻的时候，我一生气就绕着房子跑三圈，跑的时候我就想：'我的房子这么小，土地这么少，我哪有时间和资格跟别人生气呢？'想到这儿，我的气就消了，于是我开始抓紧时间努力工作。"

孙子接着问："您现在已经是这里最富有的人了，为什么还要绕着房子走呢？"比尔笑着说："因为我现在还会生气，这时候我走着走着就会想：'我的房子这么大，土地这么多，我还有什么可计较的呢？'一想到这里，我的气也就全消了。"

不论是在工作中还是在生活中，人和人都不可避免地会打交道。俗话说，牙齿还会咬到舌头呢，更不用说人和人之间的交往了。人是群居动物，在相互打交道的时候难免会发生矛盾。当矛盾发生的时候，我们首先需要做的是找到合适的方法化解矛盾，而不是动不动就生气，生气只会让事态向更加恶化的方向发展。很多情况下，我们亲眼所见和亲耳所听的未必就是事情的真相。只有不生气，用平和的心态去体察生活的百态，我们才能真正感知到生活的酸甜苦辣，才能明辨人性的善恶。因此，一个聪明人，一定是一个不轻易生气的人，因为他们深知，生气不仅无益于自己的身心，还会降低自己的情商，直接导致坏情绪的出现。想要更好地经营人际关系，发展自我，我们就要做一个不生气的生活的智者。

故事中比尔在绕着房子跑步的过程中，不仅成功化解了自己的愤怒，并且不断提醒自己生活的真正目的。这个道理说起来虽然简单，但是做起来却没有那么容易，我们的生活中仍然有很多人因为过程上的小插曲而忘记了生活的真正目的。如果我们能够牢牢记住，生活的最终目的是为了享受，而不是为了斗气，那么我们的心态就会平和很多。事实上，真正的智者完全懂得自己追求的是什么，也知道生活中最重要的是什么，这样一来，人生也就豁然开朗了。

智者能够控制好自己的情绪，也能够采用合理的方式发泄自己的情绪，他们不会被事物的表象所迷惑，同时他们能够用理智来驾驭情感，这就是所谓的不轻易生气的智慧。

“拥抱”快乐，先从自己开始

归根结底，生活的意义应该是追求幸福和快乐。如果你做的事情不能令你感到幸福和快乐，不管原因是什么，你最好摒弃它们或者想办法改变它们。

有很多人长期生活在痛苦中，原因正是他们总是对某些事过于纠结，不肯放下，或者他们清楚地知道眼下的事情根本改变不了，但是仍然希望出现奇迹。不可否认，有些事也许真的会出现奇迹，但那些一般都是旁观者认为的奇迹，对于真正创造奇迹的人来说，他们做的事情都是在自己可以控制的范围内。换言之，只有自己能够把握住的快乐才算是真正的快乐，如果自己怎么努力都无法把控，那还不如早早放手。

有两名老兵，在他们退役时，约定多年后再见面，但见面的一刻，彼此看着对方都愣住了。其中一个人神采奕奕，容光焕发，74 岁了还如当年一般；另外一个人却面容枯槁，满脸皱纹，显然已经到了垂暮之年。

片刻之后，容光焕发的人问道：“你怎么老得这样快？若不仔细看，我都不敢认你，你当年可是英姿飒爽的。”

面容枯槁的人则说：“你却没有什么变化，我一下就认了出来。”

聊天之后，他们发现了彼此容貌差异的原因：容光焕发者一直生活在快乐中，而面容枯槁者却生活在痛苦中。

前一个老兵在退役之后，去了一家工厂上班，工作上兢兢业业，生活上也是勤恳上进，不久，他就结了婚有了孩子，现在已是儿孙满堂了。

而后者在退役之后，还对军旅生活念念不忘，为了回到部队四处求人托关系，慢慢荒废了原本的工作，军队的领导最终也只能给他安排一个闲职。又因为他的工作和身份处在不上不下的位置，导致他年龄很大才结婚。结婚之后，夫妻关系不和谐，最终他和妻子离婚，独自一人把孩子养大。只可惜他和孩子的关系也不好，儿子长大后也离开了自己。和战友见面的时候，这位老兵已经 74 岁了，他孤身一人生活，每天都在痛苦中哀怨。这次和老战友的相见，是他这几十年来最高兴的一件事，当他回家以后，邻居都说他年轻了好几岁。

笑能让我们的精神面貌更好，这是为什么呢?

经过科学研究，人在微笑的时候能牵动 43 块面部肌肉，一次微笑给面部带来的运动量，和板着脸急行军 45 分钟的面部运动量一样。正所谓生命在于运动，一次发自内心的微笑，会带给我们无尽的活力因子，我们还有什么理由拒绝微笑呢？与此对应的，痛苦却能产生多种毒素，这些毒素不但让我们的容颜受损，还会加速毁掉我们的生命。

决定一个人是否拥有健康快乐生活的关键因素是他内心的修为，外部环境越是困难，越能突出内心修为的重要。在你的身上，哪怕有一万个不快乐的理由，那总归还会有一个快乐的理由，你需要做的就是努力抓住这个快乐的理由，把其他不快乐的理由都清理掉。

现实生活中，每个人都有属于自己的快乐，即使你现在正遭遇贫穷、苦难、病痛或失败。你也一定要抓住那些属于自己的快乐，竭尽全力，让快乐在你的世界中一点点蔓延开来。

要有一个明确的目标

斯普林格是一位德国人力资源开发专家，他在《激励的神话》一书中写道：“人生中最重要的事情不是感到惬意，而是感到充沛的活力。”“强烈的自我激励是成功的先决条件。”自我激励，就是在心里告诉自己，我相信我能够做到。但是，如果你的心已经被自卑掩埋，那在这一步，你就已经输了。

古往今来，凡是有所成就的人，都有一个共同的品质，那就是他们心中都有一个坚定的目标，他们为了这个目标努力，即使过程充满了荆棘坎坷，他们也不会轻易放弃，他们相信，终有一天，自己会取得胜利。所以，我们也应该牢记，不论何时都不要放弃自己的志向和理想，即便处在人生的绝境中，只要你抱有希望，就一定能走出绝境。

40 岁的艾琳是珠宝界一位知名的设计师，但是谁都想不到在十几年前，艾琳还是一个连工作都找不到的人。就像爱迪生说的“成功是 1% 的天分加上 99% 的汗水”，即便你有天生的才能，那也没有办法替代“坚持”和“勤奋”，让艾琳的人生最终迎来光明的也是“坚持”和“勤奋”。

十几年前，艾琳怀揣着满心的梦想想要在珠宝设计行业出人头地，但是现实往往不如意，艾琳连续去十几家公司求职都被拒绝了，这让她有了深深的挫败感，她开始怀疑自己的坚持是不是有意义，差点放弃自己的珠宝设计梦。

有一天，她在一个小饭馆里吃饭，正好遇到了一个石头切割工人，闲聊的时候，她跟对方诉说了自己的苦恼。“最近我一直在面试，可是我面试的公司都拒绝我，哪怕我要求的薪水比别人低。”

石头切割工人喝了一口酒，若有所思地说道：“平时我的工作就是切割石头，想把石头切割成我想要的样子，就要慢慢来，不可能用大斧头一下子就把它砍出合适的形状。我觉得不管你是做珠宝设计还是我切割石头，都需要不断的坚持和积累，如果你的梦想真的是成为一名珠宝设计师，那就一定要坚持下去。”

听了石头切割工说的话，艾琳有所感悟，她又想到自己非常喜欢的一个影星史泰龙，刚入行的时候也是被拒绝了很多次。当时史泰龙没有经纪人，没有人找他演戏，但是他坚持了下去，最后在好莱坞取得了成功。很快，艾琳振作起来，又开始求职找工作，同时不断学习充实自己，经过十几年的坚持不懈，她终于实现了自己的梦想，成为一名成功的珠宝设计师。

一个人的坚持需要“梦想”或者“目标”作为支撑，我们对梦想和目标的期待有多强烈，我们坚持的意志力就会有多坚定。所以，在任何困境和阻碍面前，我们都一定要坚持住，不放弃。

1906 年 11 月，本田宗一郎出生在日本一个荒僻的乡村里。当时他的家里非常贫穷，他的 5 个兄弟姐妹因为缺乏营养而夭折。本田在很小的时候，就有一个梦想：他想要有一天能制造出更先进的摩托车。他在学校的时候经常逃课，为此他的父亲大伤脑筋。本田曾经说过他非常讨厌学校里那些正规的教育。但是，他非常喜欢学校里的实验课，所以他经常逃课去别的班上实验课。本田早年这种对于科技探索的精神，为他以后的事业奠定了扎实的基础。后来，本田创立了自己的摩托车制造公司。尽管那个时候日本的摩托车市场已经接近饱和的状态，但是他仍然没有放弃，他用了五年时间，打败了 200 多个竞争对手，终于实现了自己小时候的梦想。当然了，任何事业的成功都不是一帆风顺的，本田也经历过很多失败。

在本田成功之后，他说过这样一段话：“回头看看我这些年的工作，似乎除了错误、失败、后悔外，什么都没有了。不过其中有一点我非常骄傲，虽然我犯了很多错误，但是那些错误和失败的原因是不同的，这也让我在失败中学到了很多的东西。”

最后，本田还说：“企业家必须要有目标，哪怕它一时无法达到，同时还要拥有失败的自由。”这句简单的话语说明了一个成功人士应该拥有的心态，对很多人产生了重大的影响。

心理学家告诉我们，很多时候，人们不是失败了，而是他们放弃了心中的目标和理想。对于那些积极的和有志向的人来说，不管面对什么样的困难和打击，他们都不会放弃努力。因为在成功和失败之间，不存在巨大的鸿沟，关键的一点在于是否能够坚持。坚持了不一定能达到绝对意义上的成功，但是不坚持肯定会失败。所以，对于有理想有目标的人来说，要相信自己一定能够成功，给自己积极的暗示，消除那些阻碍成功的想法，化压力为动力，激发自己内在的驱动力，即使目标一时达不到，也一定要努力不放弃。

没有人能阻止你出人头地

如果把人生比作一条波涛汹涌的大河，那么在这条河面前，我们所有人都是不精通水性的渡河者，如果前面总是充满着惊涛骇浪，那你还会一往无前地前进吗？这就像我们在生活中遇到的坎坷和困难，这个时候，你是恐惧地放弃，还是鼓足勇气，大步向前？要知道，只有你自己不放弃，世界才不会放弃你。

在一次著名企业家报告会上，有一位年轻人向一位知名企业家提出了这样一个问题："您能不能给我们年轻人指示一条成功直线路径，让我们在成功的路上少走弯路？"

被提问的企业家语重心长地回答道："不能！成功从来不可能只走一条直线，成功就像登山一样，只有不怕挫折、不怕磨难，才有希望登到山顶！"

人生一世，谁没有起起落落的时候呢？越是遭遇挫折就越该打起精神来面对，如果一遇到挫折，人就变得气急败坏、沮丧，又怎能成功呢？

有句话说得好："黯然神伤时，则所遇尽是祸；心情开朗时，则遍地都是宝。"一个人能否让自己保持积极进取的心态，在很大程度上决定了他的人生成败。

1832 年，林肯失业了，这使他很伤心，但他下定决心要当政治家。这位一贫如洗、地位卑微的年轻人想通过竞选成为议会议员，结果竞选失败了。在一年里遭受两次打击，这对他来说显然是痛苦的。

接着，林肯开始自己着手开办企业，可一年不到，他开办的企业又倒闭了。在以后的十七年间，他不得不为偿还企业倒闭时所欠的债务而到处奔波，历经磨难。

随后，林肯再一次决定参加竞选州议员，这次他成功了。他内心萌发了一丝希望，认为自己的生活有了转机："可能以后我就是成功的人了！"

1835 年，他订婚了。但离结婚的日子还差几个月的时候，未婚妻不幸去世。这对他精神上的打击实在太大了，他心力交瘁，数月卧床不起。

1836 年，他得了神经衰弱症。1838 年，林肯觉得身体良好，于是决定竞选州议会议长，可他失败了。1843 年，他又参加竞选美国国会议员，但这次仍然没有成功。

林肯虽然一次次地尝试，却是一次次地遭受失败：企业倒闭、未婚妻去世、竞选败北。要是你碰到这一切，你会不会放弃？放弃这些对你来说十分重要的事情？

林肯没有放弃，他深知，成功路上无坦途，成功不可能一蹴而就。1846年，他又一次参加竞选国会众议员，这次终于当选了。

两年任期很快就过去了，他决定要争取连任。他认为自己作为国会议员表现是出色的，相信选民会继续选他。但结果很遗憾，他落选了。

因为这次竞选他赔了一大笔钱，林肯申请当本州的土地官员。但州政府把他的申请退了回来，上面指出：“做本州的土地官员要求有卓越的才能和超常的智力，你的申请未能满足这些要求。”

接连又是两次失败，然而，林肯没有服输。1854年，他竞选参议员，失败了；两年后他竞选美国副总统提名，结果被对手击败；又过了两年，他再一次竞选参议员，还是失败了。

林肯一直没有放弃自己的追求，他一直在做自己生活的主宰。1860年，51岁的他参加总统竞选，最终他击败了对手，成为美国第16任总统。

幸运儿总是少数，大部分人在一生中都很难一帆风顺，难免会遭受挫折和不幸。但是成功者和失败者非常重要的一个区别就是，失败者总是把挫折当成失败，每次挫折都能够深深打击他争取胜利的勇气；成功者则是从不言败，在一次又一次的挫折面前，总是对自己说“我不是失败了，而是还没有成功”。总之，提高自己抗挫折的能力，别因为一点挫折就让整个人变得垂头丧气，毫无斗志，才是最重要的。

在生活中，我们会经常遭遇挫折，但面对逆境和挫折的心情却是我们自己可以选择的。美国作家布拉德·莱姆在《炫耀》杂志上撰文写道：“问题不是生活中你遭遇了什么，而是你如何对待它。”

任何时候，要鼓励和相信自己，相信自己能够做得更好更完美。

有些事没你想象中那么严重

生活在社会中的每一个人都会遇到挫折和失败，值得思考的是，我们应该如何对面这些挫折和失败。当遭遇挫折和失败时，我们首先应该静下心来认真分析问题，寻求解决问题的方法，不要一味地放大挫折。最关键的一点请记住，很多事情并没有我们想象的那么糟糕。

从前，有一个男孩，他从来没有见过大海，因此他非常想去看看海。一天，他终于有机会来到了海边，当时海边被大雾笼罩，潮湿阴冷。“啊！”他在心里默默想，“现在发现我真是不喜欢大海，幸亏我不是水手，当一个水手简直太危险了。”

不一会儿，他在海岸上行走时遇到一个水手，于是两个人交谈起来。

“你为什么喜欢海呢？”男孩问道，“那里弥漫着大雾，还又冷又潮。”

“海不是一直这样的，很多时候，海都是清亮而美丽的。但是不管天气怎么样，我都爱大海。”水手回答，“如果一个人喜欢他的工作，那他肯定不会先考虑是否危险，我们家里的所有人都爱大海。”

“那你的父亲现在在哪里呢？”男孩又问。

“他死在了海上。”

“你的爷爷呢？”

“死在大西洋里。”

“你的兄弟呢？”

“他在海边游泳的时候，被海浪卷走了。”

男孩听后说道：“既然是这样，如果换做是我，我永远也不要到海上去。”

这时水手问道：“那你愿意告诉我你的父亲是在哪里死的呢？”

“啊！他是在床上死去的！”

“你的爷爷呢？”

“他也是死在床上。”

“要是这么说的话，如果我是你，我该永远也不到床上去了。”水手说道。

我们每个人的一生中，都会有阳光灿烂，也会有风雨雷电的时候。如果因为惧怕这些痛苦而停滞不前，那我们的生命轨迹只能是个圆点。实际上，如果能够正向地面对这些困苦，你就会发现，眼前的磨难和绊脚石并没有想象中的那么巨大和不可逾越。

曾经有一位国王到海上巡游，当船航行到大海中央的时候，遇上了风暴。国王的一名亲卫兵，因为是第一次坐船，所以非常害怕，甚至大哭大叫。船上的人受到他的影响也都惶惶不安，国王刚想下命令把他关起来。这时，身边的一位大臣阻拦了国王，他对国王说："不用把他关起来，交给我处理，我能让他马上安静下来。"大臣立刻下令让水手把那名士兵绑起来，丢到大海中。那名可怜的士兵叫得更歇斯底里。过了几秒钟，大臣又命人把他拉回船上。再次回到船上后，几秒前还大喊大叫的士兵变得非常安静，待在船舱的一角，一点声音也没有了。

国王对大臣的做法非常好奇，他向大臣询问了这样做的原因，大臣回答说："在更恶劣的情况来临之前，人们很难想象出现在的自己有多么的幸运。"生活中也是这样，人们常常会因为一些小的挫折和失败而叹息、哭泣，殊不知，与那些关乎生死的大不幸相比，那些小灾小难实在是太幸运了。所以有的时候，我们需要感激生命赠予我们的挫折，因为只有这个时候，我们才能体会到无灾无难的幸福和美好。

在现实生活中，很多人在遭遇挫折和不幸后，内心就会产生一些消极的想法：这些事情我做不好，无论我怎样努力都改变不了结局！一旦有了这种想法，人们就会觉得自己遇到了最糟糕的事情，自己完全没有办法解决，由此产生深深的挫败感，也很难再有继续前进的力量。

换一种思维方式，事情就会大不相同。俄国文学家契诃夫在《生活是美好的——对企图自杀者进一言》一书中写道：

“如果火柴在你的衣服口袋里燃了起来，那你应该高兴并且感谢上苍，幸亏你的衣服不是火药库！……要是你被别人用木棍子打了一顿，你应该蹦跳起来告诉自己：真是很幸运，他们没用带刺的棒子打我！如果你的爱人背叛了你，你也可以对自己说：幸亏她背叛的不是国家！人的一生，不可能一帆风顺。”

所以，面对那些你认为“最”糟糕的事情，我们不妨换个角度想想，很多事情，没有想象的那么严重。

今天的放弃，是为了明天的得到

台湾作家吴淡如在她的一本书中写道：“好像要到某种年纪，在拥有某些东西之后，你才能够悟到，你建构的人生像一栋华美的大厦，但只有硬体，里面水管失修，配备不足，墙壁剥落，又很难找出原因来整修，除非你把整栋房子拆掉。你又舍不得拆掉。那是一生的心血，拆掉了，所有的人会不知道你是谁，你也很可能会不知道自己是谁。”

生活中，绝大多数的人会认为，人生最大的成就感来源于不断拿到自己想得到的。其实，很多人根本不明白，只有先学会放下，负重的人生才能得到休息，人们才能摆脱烦恼的纠缠。如果一个人只懂得攥紧，不懂得放下，那他最终很可能会一无所有。

王铁成老师是我国最早的特型演员，他便是一位能拿得起、放得下的人。1977 年，王铁成在话剧《转折》中饰演的周恩来，是我国舞台上第一次出现周恩来的形象。1978 年，王铁成应导演谢铁骊邀请，在影片《大河奔流》中饰演周恩来，这是王铁成第一次在荧幕上塑造周总理的形象，从此，他便成了我国最早的特型演员。

王铁成老师扮演的周总理形象真实感人，深受观众的喜爱，正因为他在电影《周恩来》中的出色表演，在 1992 年获得了电影金鸡奖最佳男主角奖和大众电影百花奖最佳男演员奖。虽然王铁成只扮演过周恩来一个角色，但是他扮演的周恩来是最受观众认可的，迄今为止，仍然没有人能够超越。

但是，1987 年，已经 51 岁的王铁成曾做出过一个让人难以置信的选择，那就是放弃艺术生涯，去香港打工。因为他有一个儿子先天智障，虽然已经很大了，但是生活还是不能自理。为了儿子能够健康地生活，王铁成不得不一边努力赚钱，一边亲自照顾儿子。

试想一下，对普通人来说，这是一个多么艰难的选择！但是王铁成是一个凡事都能看透的人，他经常说：“人要学会在生活中发现快乐，要能够拿得起、放得下，凡事不要怨天尤人，也不要埋怨生活，一切都要在自己的主观境界上提高。”

当谈论他智障的儿子时，王铁成丝毫没有不愉快，他反而发自内心的开心，他说：“我的儿子非常听话，从来不给我们惹事，我们也因此省了不少心，痴呆的孩子也有他的好，他不会有正常人那么多的烦心事……

我们经常自己寻乐趣，一家人过得非常开心！”

法国哲学家、思想家蒙田说过：“今天的放弃，正是为了明天的得到。”他的意思也是在告诉人们，要拿得起，也要放得下。拿得起的是生存，放得下的是生活；拿得起的是能力，放得下的是智慧。人生路上，只有放下那些无畏的负担，才能一路潇洒前行。

生活中总有许多美好无法挽留

每一个人都不可能只遇到好事，而没有坏事。当一个人遭遇困难或者灾难的时候，情绪一定会受到影响。这个时候，我们就需要用有效的方式把那些消极悲观的情绪转换成积极乐观的情绪。

莎拉·贝恩哈特被称为世界剧坛女王，她的人生轨迹充分证明了她是一位懂得释怀，心境豁达的女士。莎拉·贝恩哈特是一位非常著名的女演员，五十多年来，她一直活跃在世界的舞台上。但是，天有不测风云，她在七十一岁那年破产了，更糟糕的是，巴黎的波齐教授告诉她，她的腿再也不能站起来行走了。那是因她在大西洋旅行的时候，遇上了暴风雨，不小心跌落甲板，摔伤了腿部，同时静脉炎又使她的伤腿萎缩，疼痛越来越严重。医生害怕这位脾气火爆的女演员听到这个不算美妙的消息会被摧毁。但令他吃惊的是，莎拉只是呆呆看了他一会儿，便轻声说：“如果这是命运的安排，那我坦然接受吧！”

当医护人员把她推进手术室准备手术的时候，她语气轻快地对他的儿子说："别走开，我马上就会回来。"同时朝他挥了挥手。在医护人员推她去手术室路上的时候，她还背诵了一段曾经演出时候的台词。人们都以为她在鼓舞自己，但是她却说："不是的，我是想给医护人员一些鼓励，他们的压力一定很大。"

后来，莎拉的手术圆满成功，她虽然告别了演戏的舞台，但是她还能演讲，她那充满生命热情的演讲，再一次征服了她的戏迷们。

《读者文摘》曾刊登过一篇文章，文章中有这样一句话："要想竭尽全力去开创丰富多彩的人生，我们一定要做到与已发生的事情和解。"

那么，当人生中不期而遇的那些坏情绪突然出现的时候，我们应该如何去释怀和转化呢？不妨试试下面的方法：

1. 保持乐观的态度

我想大家都听过英国作家萨克雷说的这句话："生活就像一面镜子，你笑，它也笑；你哭，它也哭。"人生不如意之事十有八九，只要我们能够保持乐观的心态，一定可以化被动为主动，从而走出困境。

2. 保持头脑冷静

如果遇到事情，我们不保持冷静，那我们就会被愤怒、急躁、悲伤等情绪包裹住，这时，我们所做出的决定必定是“情绪化”的，结果只会越来越糟糕。所以说，面对突发情况，我们的情绪越是激动，那我们越要保持冷静，只有冷静下来，我们才能清醒地做出分析和判断，才能做出理智的决定。

3. 不断进行自我磨砺

一个人的心境和情绪是在不断变化的，如果想把自己的负面情绪转化为积极情绪，就需要提高对自身心境的磨砺。即在遇到困难和挫折时，自己有意识地调节情绪，用乐观、积极的心态驱赶内心的悲观和消极，从而不管面对什么样的境遇，都能够有一个良好的心态和情绪。

只要保持乐观、冷静、平和的心态，坏情绪自然会转化成好情绪，烦恼也随之减少，这样我们的人生中就会多出更多的希望和正能量。

抓住现在，随时开始

在这个世界上，很多人做到了常人无法想象的事情，他们不是早早就获得成功的天才，而是在人生的最后阶段才实现了理想。他们成功的主要因素不是他们拥有超越普通人的能力，而在于他们的心态。这些人的心中都有同样的信念：只要努力，任何时候都不晚！

在现实生活中，我们常常会听到有些人抱怨说，自己以前不够努力，所以现在一事无成，还有的人会为此生气、懊悔，他们总觉得自己的人生已经没有希望了。“以前不懂得珍惜机会，好好学习，现在非常后悔！”“要是我坚持下去，现在已经是富翁了！”“如果我当初再努力一下，现在的生活肯定是不一样的！”从这些话语中，我们能够感受到愤怒和悔恨，似乎让他们再重活一次，他们就一定能成功。但是，这些人却忽视了最重要的一点，那就是失去的过去不可能再回来，但是你仍然有现在和将来，只要你想，永远都不晚！

我想你可能听说过 77 岁才开始学画画的美国摩西奶奶，也许你认为一位老太太 70 多岁才开始学画画，简直不可思议。但是，我告诉你，这是千真万确的事，摩西奶奶确实是 77 岁才开始学画画，她的作品风靡全球。我们不妨看看摩西奶奶的创作历程。

58 岁的时候，她创作了自己的第一幅画作，那时她把画画在自己家的壁炉挡板上。

77 岁的时候，她的绘画生涯正式开始。

80 岁的时候，她在纽约举办了自己的个人画展，引起了全世界的轰动。

94 岁的时候，她登上了美国《时代》周刊。

摩西奶奶在她 20 多年的绘画生涯中，总共创作出了 1600 多幅作品，她也是美国原始派画家中最多产的一位。她的作品在世界各国的博物馆中都有展览。1953 年，摩西奶奶 94 岁，那一年她满头白发地登上了美国《时代》周刊杂志的封面。杂志一发行，摩西奶奶和蔼可亲的笑容和她画作中幽静的山谷、惬意的田园风光就震惊了全世界的人们。尤其是她农夫的身份和她的画作之间的巨大反差，使她成了绘画界的传奇人物。

在绘画方面，摩西奶奶没有什么动机，她有的都是动力，她经常废寝忘食地进行创作，还经常向画友学习和请教。可以说，摩西奶奶的晚年生活是和绘画一起度过的。在她100岁的时候，她热情昂扬地说过："虽然我现在已经100岁了，但是我觉得我自己像个新娘一样，我现在最想做的事情就是回到开始，重新来过。"

在美国，摩西奶奶是大器晚成的典范，也是人们心中真正的偶像。

摩西奶奶的精神值得我们每一个人学习，日本著名作家渡边淳一也深受她的影响。而且摩西奶奶和渡边淳一的故事也成了一段佳话。

1960年的一天，摩西奶奶收到了一封署名是春水上行的来自日本的信件。春水上行在这封信中写道，他非常痴迷文学创作，希望自己能够从事文学创作方面的工作。但让他痛苦的是，受生活和亲情的束缚，他不得不在大学里读医学专业，大学毕业后，他还是非常不喜欢自己做的医学工作。他还告诉摩西奶奶，他无时无刻不在念着自己的文学梦，根本无心医学工作。现在他已经28岁了，在现实和梦想之间他不知道该怎样选择，因此，他十分煎熬。

于是，摩西奶奶在寄给春水上行的明信片中写道："如果能够用一分钟的时间做自己喜欢的事情，你就会发现，这一分钟将会变得非常美妙。"春水上行接受了摩西奶奶的建议，从那之后，放弃医学，从事文学创作，最终取得了巨大的成就。那这位春水上行究竟是谁呢？他就是日本非常著名的小说家渡边淳一。在摩西奶奶的鼓舞和指引下，渡边淳一不但走上了自己喜欢的文学的道路，而且还在文学领域取得了令人瞩目的成就。渡边淳一的人生经历也向我们证明了：这个世界从来没有太晚的开始，任何时候都不晚。

失败并不是最可怕的，最可怕的是失败之后丧失信念，从而失去了重新开始的动力。人生在世，一定要有一种“什么时候开始努力也不晚”的信念。人生道路中，也许你错过了初升的朝阳，但是没关系，你还可以欣赏夜晚的月亮和星星。如果因为错过太阳就萎靡不振，彷徨不前，那你注定会错过月亮和星星。那么你的人生也必将是失败的人生。

失去了就放开，一定不要抓住不放，对我们来说，过去的时光不会再回来，将来也是不可预测，只有现在才是我们能够左右的。只要抓住了现在，哪怕是重新开始，人生也绝不会晚。

Chapter 6

情绪调整

情绪稳定是种难得的品质

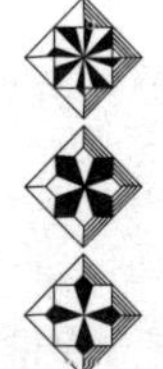

优秀的人，永远不会败给情绪

人生是一场漫长的旅行，每个人在长长的旅途中都会遇到很多繁琐的事情，面对这些琐事时，有些人显得束手无策，或者是急躁焦虑，或者是失望悲观，还有的会暴跳如雷；然而还有一些人却懂得“睁一只眼，闭一只眼”的处世哲学，他们常常能够轻而易举地处理各种各样的琐事，不会让自己的心情因为这些琐事受影响。

为人处世，要是眼睛里容不得一点沙子，过于较真，那让你看不顺眼的事情就会很多。如果可以宽容一些，睁开眼睛时看到的是美好的世界，闭上眼睛时抹掉世间无可奈何的事情，用“睁一只眼，闭一只眼”看待世间的事物，或许就能够不急不躁，保持内心的平静和淡然。

曾经有一位高僧，他受到邀请去参加一个素食的宴会，吃饭的时候，他发现在满桌子精致的素食菜肴中，其中一盘菜里竟然有一小块猪肉。这时，高僧的小徒弟也发现了这个事情，于是，这位小徒弟把那小块猪肉翻了出来，打算让主人过来看看。没想到高僧马上用筷子把肉盖了起来。

过了一会儿，小徒弟又把肉翻了上来，高僧又一次把肉遮了起来，并且小声对徒弟说：“你要是再把肉翻出来，我就把它吃掉！”这一句犯戒律的话吓到了小徒弟，小徒弟再也不敢动那块肉了。

宴会结束，小徒弟和高僧走在回寺院的路上，小徒弟想起吃饭时候的事情，疑惑地问道：“师父，刚才吃饭的时候，厨师明明知道我们不吃荤菜，却还把猪肉放到素菜里。我把肉翻上来只是想引起主人的注意，让主人看到后惩罚一下厨师。”

高僧平静回答说：“世间每个人都会犯错误，不管他是有意的还是无意的。要是当时主人看到了素菜中的猪肉，他可能在愤怒的状态下严厉惩罚厨师，还有可能会把厨师辞退，我不想看到这样的结果。”

人和人交往中“得理”固然是好的，但是也不可以“不饶人”。在不违背大原则的情况下，我们应该用“睁一只眼，闭一只眼”的态度来对待他人。给“没理”的一方留一些余地，不仅不会吃亏，反而有可能收获意料之外的惊喜和感动。

由于人们生活环境不同，每个人都有不同的价值观，因此在生活中人和人之间不可避免会出现分歧。很多人在面对分歧时，常常会急躁不安，一旦斗争胜利得了“理”便会不饶人，可能是为了自己的面子，也可能是为了争取更多的利益。总之，他们最后非要把对方逼得低头认错不可。然而，这种“得理不饶人”的态度，虽然充分表现了你的胜利，但是它也意味着下一次争斗的开始。试想一下，“战败”的一方遭到如此对待，岂能轻易放弃，即使为了面子他们也一样会“讨”下去。

为人处世上，我们不必太较真，遇到分歧和争斗，淡然一些，也豁达一些，为自己争夺面子的同时也为他人留些余地。这样做既让别人有了面子也为自己赢得了尊敬，这种利己利人的好事，还会让我们终身受益，何乐而不为呢?

不在生气的时候做决定

很多情绪控制专家常常说的一句话是：等 6 秒钟之后再做决定。为什么是 6 秒钟呢？这个时间是由人类的生理系统决定的。早在 1978 年的时候，有一家情商机构详细地分析了 6 秒钟这个概念。实际上，情绪是我们大脑边缘系统产生的一种化学物质，根据我们接受外界刺激的不同，边缘系统会自动地快速生成各种情绪。所以说，情绪是生物生理上一种自然的化学反应，它的发生是无法避免的。

为了能够让人们更直观地看到情绪在大脑中是怎样不停工作的，科学家们进行了性能鉴定试验并且使用核磁共振进行成像扫描。

不得不承认，边缘系统的反应速度非常迅速，甚至已经超出了我们的想象，它比我们的“逻辑思维中心”的反应速度快 8 万倍。也就是说，在我们产生情绪的那一刻，我们的大脑完全不受“逻辑思维中心”（负责思考的脑皮质）的控制。这样，我们就不难理解，为什么情绪的出现是无法避免的，而我们经常会在情绪出现的瞬间做出不理智的行为。如果在情绪出现的 6 秒钟之内，我们不能理智控制情绪，这个时候产生的行为，就是人类天生的本能的体现，也就是纯粹的“情绪化”的反应；而 6 秒钟之后，我们的情绪与思考就能够彼此沟通并且综合信息完成具有控制力的行为和决策。

一位妈妈带着孩子在一个路边的小卖店里买了两根冰棍，共计 2 块钱，她付了 10 元给老板，老板找给她 8 元。但是这个妈妈当时却记成给老板的钱是 50 元，所以她就认为老板应找回 48 元给她。老板当然不会承认，他让那位妈妈看着他翻了好几遍收银箱也没有找到一张 50 元的钞票，可是那位妈妈仍然不依不饶。双方争执了好久都没有结果，最后只能报警。但是当民警达到现场的时候，事情却发生了转变：老板大声跟民警讲述事情的经过，而那位妈妈则跟民警说是自己记错了，自己给小卖店老板的就是一张 10 元的钞票。一场闹剧就这样收场了。

那我们不妨试想一下，如果那个妈妈当时不那么冲动，冷静下来，仔细回想一下，可能就会记起自己所给的真实钱数，这样的话，双方也不会闹得不可开交，也不会报警。

当一个人冲动发怒的时候，那种情绪的威力是非常大的，完全能够摧毁人的正常思维和行动。但是，稍微耐心等待一下，愤怒也许会自动消失。

所以，不要急着发脾气。至少我们应该耐心等待 6 秒钟的时间，等你的情绪和理智沟通之后再做决定。

有一个农夫因为一件很小的事情和邻居吵了起来，两个人都是气势汹汹的，谁也不肯退让。后来，这个农夫生气地跑到教堂，找在当地很有名望的一个牧师来评理。

“牧师，您给我们评评理，我的那位邻居真是胡搅蛮缠，简直不可理喻，他竟然……”农夫一见到牧师的面，就怒气冲冲地开始指责，就在他滔滔不绝地控诉的时候，牧师打断了他。牧师平静地对他说：“很抱歉，我现在有一些紧急的事情需要去做，请你今天先回去吧，明天再来。”

第二天一大早，农夫果然又来找牧师了，但是，很显然，他已经没有昨天那么生气了，不过还是开口说：“今天，您一定要为我评一下理，到底谁对谁错？我的邻居……”这时，牧师还是平心静气地对他说：“我看你现在依然很生气，要不这样，我正好需要出门办一些事，你先回家消消气再来找我。”之后的几天，农夫没有再来找过牧师。

又过了很久之后，一次偶然的机会，牧师在田地里看到了那位农夫，他正在哼着歌干活。于是牧师便问他：“现在我正好有空闲的时间了，你还需要我给你评理吗？”说完这句话，牧师就微笑地看着农夫。农夫被牧师看得非常尴尬，他不好意思地用手挠挠头说：“我已经不生气了，现在想想，当时那件鸡毛蒜皮的小事真不值得生那么大的气！”

牧师看着他，慢悠悠地说：“这么想就对了，我那时候不急着给你讲这件事就是想给你一些时间，让你的气消了再说，一定要记住：任何情况下，都不要在生气的时候做决定。”

列夫·托尔斯泰曾说：“愤怒对别人有害，但愤怒时受害最深者乃是本人。”然而很多时候，人们虽然明白这个道理，但是他们还是容易情绪化和意气用事。只要别人招惹到自己一点，他们就会大肆发泄怒火，这样做特别容易引起各种争斗。我们在愤怒的时候，怒火会屏蔽自己的主观意识，所以说，我们的思想也很难清晰明了。因此，在我们发怒的时候，一定要给自己一些时间，让火爆情绪冷静下来，然后再好好问问自己，这件事真的值得自己生气吗？我们只有学会用理智控制自己的不良情绪反应，体察自己内心的情绪变化，才能够阻止做出后悔的事，把遗憾降低到最少。

用行动代替抱怨，更好的人生正在未来等你

每个人在生活和工作中，都会遇到一些不顺心的事情。在遭遇这些不顺心的事情时，是勇敢面对豁达处理，还是选择怨天尤人一蹶不振呢?

有一句话是这么说的："一个人经历的越多，他的抱怨就会越少。"为什么我们看到那些已经非常优秀的人还在不断的努力，那是因为优秀的人总能看到比自己更出色的人，反观那些平庸的人，眼里都是比自己差的人。

真正拼尽全力努力过的人，会发现自己要比想象中的更加优秀。

人生不是一潭水静止不动的，人生路上总会遇到各种各样意料之外的事情。如果能达到泰山崩于前而色不变，风波骤起而泰然处之这样的境界，很多困苦和磨难也就显得不那么重要了。一个人若是有坚强的心智和良好的心态，往往就能化解风险。要想让自己的人生路变得顺遂和美好，我们一定要多些思考和仁慈，少些激动和仇恨。当然了，每个人都希望做的事情是自己喜欢的，但是，真正的成长和成熟，是做你该做的事情。

人在落魄的时候才能体现出是否豁达，在生气愤怒的时候才能体现出修养。当遭遇挫折和挑战的时候能够不怨天尤人，勇敢面对，才可以称得上是生活的强者。

相反，如果我们用消极的态度面对生活，那生活给予你的也是消极的，长此以往，你的精力和动力就会被消耗殆尽，这是一个恶性循环。

因此，在我们遭遇不顺的时候，不要只顾着抱怨，要勇敢地向前看。晚清重臣曾国藩的治家哲学常受到人们的推崇，连毛泽东和蒋介石也对他非常认可。曾国藩在教育子女方面做得非常出色：曾国藩的儿子曾纪泽是清末著名的大外交家，他的孙子曾广钧是一位著名的文学家，他的后代中还有很多非常有名的人。曾国藩被称为儒家最后一位圣人，他的书斋的名字是“求缺斋”，寓意事情不要求太圆满，对于不圆满的人生，不要抱怨和蹉跎，需要做的是勇往直前。曾国藩的思想影响了无数后人，他不抱怨的处世哲学，已经渗透到日常的生活里了。

阿里巴巴创始人马云先生的人生经历也非常值得我们去探究，37 岁以前，马云的人生可以用两个字总结，那就是“失败”。然而，37 岁之后的马云，是凭借什么一步步走向成功的呢，其实这个秘诀就是：永不抱怨。前 37 年的失败并没有让马云停下脚步，即使失败了，他还是再站了起来，他把所有的时间都用在努力进步上，他没有抱怨命运的不公，也没有抱怨社会。正是因为不抱怨，才让他积蓄更多的力量走向成功。

因此，千万不要让自己陷入抱怨的深渊里。少抱怨，才能增加自己人生的质感和信任感，你的未来才会更加长远。少抱怨的同时学会感恩，生活才会回赠你更多的美好。

古语说："满招损，谦受益"。同时医学也证实，如果一个人长期处于抱怨中，他的体内就会积累很多毒素，心境就会变得浮躁，情商会随之变低，反应变慢，思想会僵化，最后没有办法安心工作和生活，也就不会体会到生活的乐趣和美好了。

很多人往往认为成功是物质性的，不管是权或钱，名或利，只要达到了目标就算是获得了成功。其实不然。成功是一个人内心感受到的幸福感。也许你没有豪车豪宅，但是你的内心充盈，每天开心快乐，那么这也是一种成功。如果你觉得自己生活得不容易，那你不妨想一想，还有很多人比你还不容易。从根本上说，没有哪种生活是完美的，也没有哪个工作是令人完全满意的，酸、甜、苦、辣、咸五味俱全的人生才是健康丰富的人生。

适当管理情绪，及时浇灭愤怒的火焰

在我们的生活中，愤怒的情绪就像是一剂毒药，让人充满消极的能量，严重的时候还会让人丧失理智，做出无法弥补的事情。如果一个人不控制自己愤怒的情绪，任它自由发展下去，最终这种情绪很有可能会失去控制，以至于毁掉自己的生活。

被称为“常胜将军”的拿破仑，就是一个遇事容易冲动的人。一次，拿破仑收到密报，这封密报是关于外交大臣塔列朗的，密报上说塔列朗正在勾结外敌企图造反。于是，身在西班牙的拿破仑匆忙赶回国内，到达国内立刻召集所有的大臣开会，他从听到这个消息时就在想，他一定会在所有大臣面前揭穿塔列朗的行为，并且要好好地羞辱他一番，最后逼迫他认识到错误，回心转意。当会议开始时，拿破仑看着塔列朗，心中的怒火无法遏制，狠狠瞪着塔列朗，恨不得用眼神把他杀死，塔列朗的态度正好相反，他无视拿破仑那充满杀机的眼神，不做任何回应。这个时候，拿破仑再也控制不住自己的情绪了，他走到塔列朗身边对他说：

“有的人希望我马上死掉。”

事实上，塔列朗真的是在勾结外敌，密谋推翻拿破仑。所以，他故意用激将法，激起拿破仑的怒火，让他失去领导人的威信。因此，他一直镇定自若，只用疑惑的眼神看着拿破仑。

终于，拿破仑的愤怒像火山一样喷发了，他冲着塔列朗大声喊道：“塔列朗，我赋予你权利，给你财富，你这个忘恩负义的小人，你竟然勾结外敌背叛我，离开我，你就是一团狗屎，我以后再也不想见到你。”说完大步离去。拿破仑离开后，塔列朗用平静的口气对大臣们说：“今天我们伟大的皇帝怎么如此暴躁呢，我可什么都没做，也许是他的心情不好才会这么失态吧？”

拿破仑没有控制住怒火，只顾发脾气，他认为塔列朗会因为他的愤怒而胆怯，最后还会回到他的阵营，但是他被愤怒冲昏了头脑，已然忘记了，他生活在一个注重绅士风度的国家，人们不会容忍他们的领导者如此歇斯底里。这件事以后，拿破仑在人们心目中的威望大跌，慢慢也丧失了主持大局的权力，最后还是败给了塔列朗。

愤怒不仅会破坏人际关系，还会对自己的身心产生严重的影响。一旦有了愤怒的情绪，我们该如何化解呢，可以按照下面几个步骤试一试。

1. 自我反省，找到愤怒的原因

当我们觉察到自己快要发怒的时候，就应该想办法让自己冷静下来，重新审视一下内心，找出令自己发怒的原因。如果每一次让你发怒的原因是同样的人或者事情，那么下一次就提前避免这一状况的出现，提前调节发怒的情绪，让自己走出愤怒圈。

2. 互换角色，深入理解

如果你因为别人做了某件事而感到愤怒，那你不妨试着站在对方的角度看看这件事，也许你会发现事出有因。每个人都会遭遇一些困难和挫折，可能你正经历着失败，可能你正因为家庭和工作的事情心烦意乱，想通这些之后，你也能理解对方了，别人和你一样，也是在认真努力地生活着。这样想想，你的心里就会平静下来，愤怒情绪自然也就消失了。

3. 用理智控制愤怒

一个人愤怒的原因是他的理智失去了控制，那怎么才能让自己内心的愤怒平息呢？心理学家曾经做过一个实验，他们把类似“息怒”“制怒”等警示性的词语贴在房间显眼的位置。一旦人们有了愤怒的情绪，他们就看看这些警示语，会让他们很快冷静下来。如果我们产生愤怒情绪的时候，一定要采取理智的方法进行控制。

4. 学会幽默和自嘲

如果我们把人生看作一场演出，自己则是看演出的观众，那对于很多不好的事情，我们就可以一笑而过。幽默是一种调节方式，它能够缓解我们生活和工作的压力。在你愤怒的时候，可以去照照镜子，看着镜中因愤怒而扭曲的面孔，试着自嘲一下，这也许能令自己快乐起来。

所以，不管是在工作还是生活中，也不管是面对亲戚朋友还是素不相识的陌生人，我们都一定要学会控制自己的情绪，及时浇灭愤怒的火焰，恢复理智。

有好的心境，才能改变坏的处境

凯文是一个从事建筑材料买卖的商人，由于他和另一位对手竞争而陷入困境。对方在凯文的经销区域内定期拜访承包商，还四处宣扬说凯文的公司不可靠，他代理的商品质量不好，已经快经营不下去了。

虽然凯文嘴上说对自家的商品非常有信心，竞争对手的行为不会对他的生意有影响，但是这件事还是给他带来了困扰，他说“真想把那个人痛打一顿发泄发泄。”

然而很快故事又有了新的发展。

“那是一个周末的早晨，”凯文说，“牧师布道的主题是，要施恩给那些故意为难你的人。我把牧师说的这句话牢牢记在心里。就在上周五，我的竞争对手让我失去了一份 50 万元的订单。但是，我还记得牧师说的话，要善待对手，他当时还列举了好几个例子来证明他的理论。当天下午，我在整理订单规划时，突然发现，我的一位客户正要在弗吉尼亚州建一座写字楼，他们正好需要一批建筑材料，但是他们指定牌子的建筑材料我们公司没有，但是我的竞争对手的公司正好有。并且，我十分肯定，那位诋毁我的竞争对手完全不知道这笔生意。”

想到这里，凯文非常矛盾，他不知道是否应该遵从牧师的忠告把这笔生意的机会给竞争对手，或者是按照自己本来的想法，让对手也得不到这笔生意？凯文的内心挣扎了很久，牧师的忠告也一直在脑海中盘旋。最后，他决定把这笔订单给竞争对手，于是，他给对方打了一个电话，当对方听说了这件事后，对自己之前的行为感到羞愧，同时对凯文非常感激。

又过了几天，竞争对手不但停止了散布谣言，还把他们无法处理的生意交给凯文来做，这真是出人意料的结果。

我们虽然无法改变这个世界，但是我们可以改变自己的心境，心境改变了，情绪也自然会跟着改变。焦躁忧虑的人看到的是失去生命光泽的枯草，但心境平和的人看到的却是云卷云舒。

凯文懂得包容，如果当初他直接发脾气，没有控制住情绪，那呈现的将是另一种结果。有时候，你对别人一个小小的微笑和拥抱就可以赢得对方的尊重和敬仰，这个时候，“胜负”就已经定了。

现实生活中，人和人之间利益的争夺形成了竞争的关系。在你的竞争对手中，很多人会以君子的风度正当竞争，但也有些人恶意诋毁和诽谤。

总之，会有很多不同的竞争版本。面对这种情况，我们应该怎么做呢？是带着愤怒和仇恨的情绪以其人之道还治其人之身？还是放下负面情绪，宽容对方，化解彼此的矛盾呢？显然，我们应该选择后者，我们应该像大海一样容纳世间万物。

换一个角度想想那些曾经让你恨之入骨的敌人，他们带给我们的并不是只有伤害。正是对手的觊觎窥视，才促使你充满斗志，努力提升自己，迎接挑战。在很大程度上，对手能够激发出你的潜能，还会时刻提醒你保持清醒，避免松懈。如果你能够从这个角度看待问题，那恰好体现出你的心胸开阔，思想境界较高。

我们要懂得心胸开阔对于情绪稳定的重要意义。很多情况下，情绪的改变和外界无关，只由自己的心境变迁决定，“心中有快乐，所见皆阳光”。

学会“不在意”，就不会被激怒

人活在世上，如果总是过于重视别人的态度，患得患失，将自身的得失建立在别人的言行上，又怎会过得开心呢？对于别人的误会和不理解，也不要太过在乎。别人忽视你，并不说明你的价值低；别人看不起你，也没有关系，我们只要自己看得起自己就行。如果对方用一些毫无根据的言辞侮辱你，你或者幽默机智地反唇相讥，或者不予理睬、一笑而过，这样反而会凸显你的人格魅力。

美国历史上伟大的总统林肯竞选胜利的那一刻，参议院的议员们感到非常尴尬，原因是当时美国参议员中的大部分人都出身名门望族，他们有着上流社会的优越感，然而他们从来没有料想一个出身卑微的人能够竞选成功——林肯的父亲只是一个鞋匠。

因此，林肯第一次在参议院演说之前，就有几名参议员谋划让他出丑。当林肯站在演讲台上准备演讲的时候，有一位态度非常傲慢的参议员站起来说：“林肯先生，在你演讲以前，我希望你能够记得，你是一个鞋匠的儿子。”这一句话，引起了参议员们的哄堂大笑，他们为自己虽然不能打败林肯但是能够让他受到侮辱而兴奋不已。

当时，林肯总统站在演讲台上平静地看着下面狂笑的人们，直到笑声停止以后，他才不卑不亢地开口说道：“我非常感激你说的话，那让我想起了我的父亲，他已经去世了，但如你所言，我会牢牢记住，我永远是鞋匠的儿子。我也知道，我做总统远没有我的父亲做鞋子做得好。”林肯说完之后，整个参议院立刻陷入了静默中，接着林肯对着那个傲慢的参议员说：“据我所知，我的父亲曾经为你的家人做过鞋子，要是你的鞋子不合适，我还可以帮你修理它们，虽然我不像我父亲那样伟大，但是我从小就和父亲学会了做鞋子的手艺。”

然后，他用温暖的目光看着参议院里的每一个人：“参议院的每个人都一样，如果你们有我父亲做的鞋子，要是它们需要修理，我一定会竭尽全力帮助你们的，但是有一件事我需要提前告知大家一下，我做不到我的父亲那样伟大，他的手艺谁也比不了。”说完这段话，林肯的眼中泛起泪花，全场爆发了热烈的掌声。

林肯为自己是鞋匠的儿子而感到自豪，那些因为出身而轻视他的人都被他的这种伟大品质所折服了。林肯通过自己的一生证明了：开始时你可以耻笑我，但是最后你不得不承认我的伟大和令人敬慕。

一个人的气度、修养、胸怀和魄力决定了他控制情绪的能力，从古至今，所有的智者和伟人都是善于控制自己情绪的，他们守护自己的内心，不让它受到讥讽和指责的伤害，他们的心里永远都是超然物外的平静和淡泊。

当他人对我们讥讽和侮辱的时候，你当然可以反击回去，或者强忍下来。你还可以用那些屈辱激励自己。乔治·桑是法国一位知名的作家，她曾经说过："不要去抱怨那些自己所遭受的屈辱，把它们当作自己前进的动力，让屈辱来激励自己。"

当别人冷落或者忽视你的时候，就意味着你该思考一下，如何跟他们相处了。面对别人的轻视和怠慢，我们不要退缩和回避。我们可以放低自己的姿态，给对方一个坦诚的笑脸，主动表示自己的友好。选择这样做无疑是正确的。因为在锋芒毕露和退避三舍之间有一块中间的地带，这里可以让我们的情绪得到暂时的缓冲，当然也有可能你会因此而感到委屈，因为对方对你的示好并不欣赏，那么就可以学一学但丁——走自己的路，让别人去说吧！当你迎着光前进的时候，身后一定会有阴影，那么索性让那些看不起你的人尽情地嘲讽吧，你不用在意！

控制不了天气，但可以控制情绪

人都是感性动物。“天昏昏兮人郁郁”，这句话表明外界环境或多或少会影响到人。外面天昏地暗，阴雨连绵，我们的心情也会随之变得愁苦，很难开心。外面晴空万里，艳阳高照，我们心情也会随之变得舒畅，内心充满了愉悦，满满的全是正能量。

然而，天气仅仅是天气，并不能真正左右我们，影响我们的其实是我们的心情。在面对外界环境时，如果我们产生负能量，很容易造成情绪失控，导致无法安心做事，甚至会产生各种悲伤。这就表明，情绪已经左右了我们。

1965 年 9 月 7 日，世界台球冠军争夺赛正在美国纽约有条不紊地进行。路易斯·福克斯一路领先，高出对手好几分，他很高兴，因为接下来只要不出现太大的失误，他拿下冠军就是十拿九稳的事情。接着，该他上场了，他现在只要轻轻挥杆，稳稳地拿下这球，这场比赛就可以宣布结束了。可一场极小的事情却改变了这件本该注定的结局：不知道从哪里冒出来的苍蝇，竟直接落在了主球上面。

一开始，路易斯·福克斯只是随意地挥了挥手，赶走了苍蝇，丝毫没有在意。就在他准备俯身打球时，苍蝇又飞了回来。接着，他继续挥手驱赶苍蝇，这时场内已经有人忍不住笑了出来。可没过多久，这只苍蝇又落在球上，似乎要跟他耗到底。于是，一场运动员和苍蝇之间的争斗上演了。很快，路易斯的情绪因为这只苍蝇变得失控，他再也忍不住了，挥动球杆去拍打苍蝇，可没想到是，球杆竟然碰到了台球，被裁判给判成了击球。恼怒的路易斯让对手看到了信心，慢慢竟追赶了上来。因为刚才事情的影响，路易斯再也安静不下来，发挥失常，最终痛失冠军。

一脸懊悔的路易斯低着头慢慢走出赛场，结果第二天传出了他自杀的消息。

万万没想到，一个世界冠军竟然败在了一只弱小的苍蝇身上。与此同时，这件事情也引起了人们的反思。本来路易斯拿下世界冠军是十拿九稳的事情，可因为受到外界环境的影响，造成自己情绪的失控，导致发挥失常，输掉比赛，甚至丢掉自己的性命。

不管外界的坏境有多么的糟糕，自己身处何方，那些不会轻易被环境所影响的人，总能坚持乐观的心态，充满活力地面对未来，做自己该做的事情。

一个女孩因为患有小儿麻痹，就整日把自己封闭在一个孤独的世界，随着年龄的增长，自卑感越来越重，异常敏感，除了隔壁一位独居老人，拒绝任何人的靠近。老人虽然在战争中失去了一条手臂，可仍然是乐观友善的。老人没事的时候就会给女孩讲故事，久而久之，两人成了忘年之交。

在初春的一天，老人推着女孩出去散步，来到一家幼儿园边上，看着孩子们嬉笑打闹，欢声笑语的，女孩很是羡慕。听着悦耳的歌声，老人提议为那些孩子鼓掌。女孩很是诧异，老人只有一只胳膊，这怎么鼓掌?老人笑笑不语，随后解开衣衫露出胸膛，用唯一的手掌和胸膛击掌。那天天气微冷，可女孩内心却涌起阵阵暖流。老人笑着对她说：“人只要不放弃，保持乐观精神，肯努力，没有什么事是做不到的。所以不要怕，你也一样，可以站起来的。”

回去之后，女孩就让父亲找出纸笔，写下这样一句话：一个巴掌也能拍得响。并且郑重地贴在墙上，警醒自己。从那之后，女孩逐渐变得开朗，积极配合医生的康复治疗。她扔掉支架尝试独立行走，疼痛锥心刺骨，可女孩依旧努力坚持。老人的话时刻在她耳边回响，别人可以正常行走，我也一定可以，要相信自己做得到。

就这样随着时间一天天的流逝，不论多难她都咬牙坚持，终于在她十一岁时，她扔掉了支架。她随之决心迈向另一个目标——做运动员。在1960年的罗马奥运会女子百米决赛中，她以11.18秒的成绩夺冠。人们都为她喝彩，掌声如雷贯耳，大家都齐声高呼她的名字——威尔玛·鲁道夫。在这次的奥运会上，她成为当时世界上奔跑最快的女人，一举夺得三枚金牌，也是历史上首位黑人奥运女子百米冠军。

生活中本来就充满了各种各样的烦恼和忧愁，内心强大，并不代表没有烦恼和消极的时刻，而是意味着自己懂得去调节、转换自己的消极情绪为积极情绪。因此，我们需要学会自我调节，把控自我情绪，努力使自己在愉快的环境中生活。

积极向上的情绪，会让人变得心情开朗，精力充沛，充满热情和信心，勇敢地面对生活。因此，我们应该避免在生活中出现不良情绪，要是遇到让你不开心的事或人，不如换个角度去思考，你会有不同的收获。

其实，快乐很简单，只要你愿意，你所度过的每一天都会充满快乐。

任何时候，不要妄下结论

人际交往中的问题，很多来自于臆测和猜疑。实际上，这些猜测大都是没有道理的，如果问题严重的话，还会导致你和朋友间的关系破裂。所以任何时候，不要仅凭借猜测和主观意识就妄下结论，以免造成不可挽回的后果。

在第二次世界大战期间，美国的布莱德雷将军接到一项紧急并且危险的任务。他把手下的士兵召集到一起，命令他们站成一列，然后用严肃的口吻对士兵们说："这一次，我们接到的是一项既困难又危险的任务！需要从你们当中选择一人去执行任务。如果有人自愿冒险去执行这项任务，请向前迈出两步……"话音刚落，一位参谋就走过来递给他一份前线的战报，布莱德雷将军立刻转过身和参谋商讨战报去了。过了一会儿，在他处理完战报转过身面对刚才训话的士兵时，发现这列长长的队伍没有任何变化，还是一条直线，没有一个人向前走两步。于是，他用不满的眼神扫过每一个士兵，用愤怒的口气说："养兵千日，用兵一时，这种紧急的时候，竟然没有一个人自愿执行任务。”这时，站在最前面的人满脸委屈地说：“报告司令！我们所有人都向前跨了两步……”。布莱德雷将军马上意识到，是自己没有搞清楚状况，错怪了这队勇敢的士兵。于是，他摘下帽子，对着士兵们深深鞠了一躬，表示歉意。

如果我们不想错怪别人，那就不要急着下结论，更不能凭借猜测就给别人下结论。每个人做事都有自己的原因。如果你没有搞清楚状况，就指责和批评或者妄下结论，那很有可能会引发彼此间的矛盾，产生未预料到的问题。

在工作和生活中，经常会发生这种妄下结论的事情。比如，要是孩子一次考试失误，父母和老师就认定孩子是差生，长期下去，孩子自己很可能真的把自己看作差生，自信心完全被摧毁。妄下结论有很多坏处：妄下结论，就很容易在评价别人的时候带着成见；还会伤害别人的自尊心和自信心；容易形成不加思考开口就说的习惯。

而且有的时候，结论也不是最重要的，尤其是当事情已经完成，已无法更改的情况下。真正重要的是，我们需要发现过程中存在的问题，总结经验，争取下一次不要再犯同样的错误。

不以“输赢”论成败

以成败论英雄，几乎可以说是人类的天性。但是，如果让你回答：输赢的标准是什么？输的人是真的输了吗？赢得人是否又真的赢了？我想很多人都回答不出来。世界上没有绝对的事物，我们所说的输赢成败也是相对的。人生没有永远的输家和赢家，成败也只是一时的。

日本的一休禅师以聪慧闻名，有的人认为自己比一休更聪明，于是，就来找一休比试。

一次，一位武士拿着一条鱼来找一休，他对一休说：“请问禅师，你看我手里的这条鱼是活鱼还是死鱼？”

一休知道，如果他回答鱼是死的，那武士肯定会松手让一休看，那鱼很可能就是活的；但是，如果他回答鱼是活的，那武士肯定就会捏死那条鱼，然后再摊开手。因此，一休双手合十，平静地说：“鱼是死的。”

武士听到一休的回答，马上哈哈大笑起来，并且把手松开，他说：“禅师啊，你输了，这条明明是活鱼，看来我比你聪明啊。”

一休再次平静地笑着说：“是的，我输了。”

从表面上看，一休是输了，但是却让一条鱼活了下来。在一休看来，生命要比输赢得失重要得多，他坚守了自己的本心，达到了目的。这样看，一休也赢了。

有个人说过这样一句话：“放下输赢，你就赢了。”很多时候，我们就像那位盲目自大的武士一样，眼里只有输赢。但是，事实上，结局并不像我们想象的那样。表面上看是赢了，实际上是彻底输了。

有一位禅师，常常和村中的小孩儿一起做游戏。

有一天，禅师又在和孩子们一起玩游戏，这次玩的是争输赢的游戏。他和孩子们约定好，如果谁输了，谁就要给对方买糖果吃。禅师先开始，他伸开两只手，喔喔叫着：“我是大公鸡。”孩子们笑哈哈地说：“我是小虫子。”禅师马上做出公鸡扑虫子的动作，然后说：“大公鸡要吃小虫子，哈哈，你输了。”没想到，孩子却说：“嘻嘻，小虫子飞走了！”禅师愣住了，他反应了一会儿，然后大笑着说：“对，是你赢了，我输了，我给你买糖果吃。”

为什么禅师自己要认输呢？因为孩子的回答已经跳出了他们的争执，孩子没有按照公鸡和虫子拼个你死我活的逻辑说下去，而是天真地回答说飞走了，这样就避免了争斗。老子曾说过：“夫唯不争，故天下莫能与之争。”如果有人跟你争，也许只是为了逞一时口舌之快，这个时候，你避开他，自己认输，让他赢，又能如何呢？想通了这一点，就能看透输赢的本质了，这样你也就不会再患得患失、斤斤计较了。

人生一世，可以说，只有婴儿时期和老年以后才是活得最滋润的时候。婴儿时期，人们年幼无知，不懂得争抢，所以怡然自得；等人老了以后，经历很多事情，心态趋于平和，他们不会再执着于输赢，没有了输赢之心，自然就会洒脱自由、无拘无束了。

我有一位朋友，以前是个好胜心特别强的人，凡事都喜欢争个胜负。一次体检以后，他被查出长了胶质肿瘤。在那段痛苦绝望的日子里，他的身上再也没有锋芒毕露和争强好胜的欲望了，有的只是强烈的求生欲。那个时候，他也明白了他之前一直争取和计较的东西都毫无价值。名利、事业等再也不能让他感到快乐。他只希望自己能够健健康康地活着，哪怕贫穷，哪怕平凡，都没有关系。所以说，洞穿世事的人不会争强好胜，他们讲究一切遵守规律，顺其自然。这样一来，反而能得到别人争都无法得到的东西。这就是所谓的不争之争。证严法师曾开示：“不争的人才能看清事实；争了就乱了，乱了就犯了，犯了就败了。要知道，普天之下，并没有一个真正的赢家。”

“弯曲”也是一种智慧

我们每个人的一生中都会经历很多坎坷的事情，就像是有时走过低矮的房檐和狭窄的通道时，需要适当地弯一下腰或者侧一下身，才能够走出低矮的房檐而迈向广阔的空间。

印度有一所非常著名的佛学院——孟买佛学院，这所佛学院建院历史悠久，并且培养出了很多著名的学者，还有一个特别的小细节，使它和别的佛学院不同。很多学员都认为，正是这个细节让他们获益匪浅。

开始进去时，很多人会忽视这个小细节：孟买佛学院在它正门的一侧，又开了一个小门，这个门特别小，一个成年人想要通过这个小门，必须要侧身弯腰，否则就会碰壁。

实际上，这是孟买佛学院给学生上的第一堂课。每当有新学生入院的时候，老师就会把他带到这个小门旁，让他进出一次。很显然，为了能够顺利进出，所有的人都必须侧身弯腰才可以，尽管这样看上去有失风度和礼仪。等新生完成一次进出，老师才说，虽然大门可以让人很体面很有风度地进出，但是在很多时候，人们进出的地方，不一定有方便的大门，或者说，即便是有大门，也不是随时可以随便进出的。这时，要想顺利出入，就要学会弯腰和侧身，还要暂时放下自己的面子和虚荣心。要不然，你就只能被挡在门外了。

孟买佛学院的老师告诉他们的学生，这个小门里蕴藏着佛家的哲理，同样蕴藏着人生的哲学。人生的道路，尤其是走向成功的道路上，不可能都是宽阔的大门，有很多门是需要侧身弯腰一下才可以通过的。所以说，在必要的情况下，我们要学会弯曲，弯下自己的腰，才能获得生活的通行证。

妙善禅师被称为“金山活佛”，他是一位世人景仰的高僧。1933 年，妙善禅师在缅甸圆寂，他心肠慈悲，乐善好施，直到现在，社会上还流传着他圆寂前难行能行、难忍能忍的奇事。

金山寺是妙善禅师修行的地方，寺庙旁边有一条小街道，在这条街道上，住着一个贫穷的老婆婆，她和她的儿子相依为命。但是儿子非常不孝顺，经常责骂老婆婆。这件事传到了妙善禅师的耳朵里。因此，妙善禅师就经常去安慰这位老婆婆，给她讲一些因果轮回的道理。可是，老婆婆的逆子非常不喜欢禅师，一次，他竟有了歹念，他趁禅师来家里给母亲讲禅时，拿起粪桶躲在门外面，等禅师一出门，他就把粪桶盖到了禅师的头上，顿时，禅师全身都淋满了腥臭污秽，引来了好多人围观。

妙善禅师却没有气恼，他一直顶着粪桶走到金山寺前面的河边，然后才把粪桶慢慢拿了下来，围观的人看到狼狈不堪的禅师，都起哄大笑起来，禅师却毫不在意地说：“这没有什么好笑的。每个人都是众秽所集的大粪桶，我刚才不过是大粪桶上面加了一个小粪桶，这有什么可大惊小怪的呢？”

围观人群中有个人问禅师：“禅师，他这样对你，你不觉得难过吗？”

妙善禅师回答：“我一点儿也不难过，老婆婆的儿子用慈悲心对待我，令我醍醐灌顶，我觉得自在还来不及呢！”

后来，老婆婆的儿子听说了这些，被禅师的宽容胸襟感动了，他主动到寺庙里给禅师道歉，还向禅师忏悔，禅师也高兴地开释了他，受到禅师的感化后，他从此改过自新，以孝闻名乡里。

妙善禅师把人的身体看成是大粪桶，加了一个小粪桶，这也不是稀奇的事情。这种认知正是他的慈悲德行和高尚人格的表现，正是在这一刻，弯下了腰，忍受了屈辱，最终感化了忤逆的年轻人。

为人处世，如果能够领悟到能屈能伸的道理，自然就能够做到进退有度，刚柔并济。能屈能伸，屈是聚集能量的过程，伸是释放能力的过程；屈是在为伸做准备和积蓄，伸则是屈的目的和志向。所以说，屈是手段，伸才是最终的目的。屈是在过程中充实自己，伸是在目的达到时表现自己。屈是一种柔，而伸则是刚。屈是一种风度，伸则是一种魄力。人生中有着无数的起起伏伏，要想前路顺遂，就应该要做到能屈能伸！

人生并不完美，所以才显得格外美

“金无足赤，人无完人。”每一个人都不是绝对完美的人，都会有这样或者那样的过失，谁也不可能一辈子不犯错误，只是程度不同而已。如果一个人过于追求完美，对自己做错或者没有达到完美标准的事情耿耿于怀，那么他就会背上沉重的包袱，不仅很难在事业上取得成功，在生活和人际交往中也不会取得满意的效果。他们总是用一种不合逻辑和苛刻的态度对待工作和生活，永远无法让自己满足，也就无法获得幸福感。

过于追求完美的人经常会有莫大的焦虑、压抑和沮丧的情绪。事情还没开始做，他们就担心失败，担心自己做得不够完美，这种顾虑经常会影响他们全力以赴去取得成功。

台湾作家刘墉先生写过这样一个故事：他有一个朋友，已经将近 50 岁了，单身了半辈子，突然结了婚，新娘跟他的年龄相仿，徐娘半老，但风韵犹存。知道这件事的朋友都在背后议论纷纷：“那个女人以前是一位演员，现在已经过气了，还结过两次婚……”他的这位朋友也听到了这些风言风语和议论，但并没有影响他们夫妻的感情。一天，朋友和刘墉一起开车出门，他边开车边笑着说：“我这个人呀，年轻的时候就盼着买辆奔驰车，没有钱，买不起，现在呢，还是买不起，只好买了一辆二手车。”他开的这辆车的确是一辆老车，刘墉左右看看笑着说：“二手车？看着很好呀，坐着舒服，马力也足！”“是啊！”朋友大笑着说，“我看，旧车就很好，就像我的太太，第一任丈夫是四川人，第二任丈夫是上海人，她在演艺圈二十多年，见过无数大大小小的场面，现在年龄大了，也收了心，没有了以前的娇气和浮华。如今做得一手好的四川菜和上海菜，还懂得把家里布置得舒适温馨。现在我遇到的这个她，才是她真正完美的时候。”“你说得非常有道理，”刘墉说，“要不是听别人说起，我还真没看出来她就是当年的那位明星。”“是啊！”朋友拍着方向盘说，“再想想我自己，我也不是完美的人，我年轻的时候也有过许多往事，也干过很多荒唐事！正是因为我们经历过这些，现在我们都成熟了，知道了忍让，这就是一种‘完美’呀。”

我们每个人的生命，在出生的时候就被上天划了一个缺口，尽管你不想要这个缺口，但是这个缺口却无处不在，甚至伴随一生。过于追求完美的人一般都不愿意面对自己的缺点和不足，他们对自己、对别人都很挑剔。

曾经有一个渔夫，打鱼的时候捞到了一颗晶莹圆润的大珍珠，他爱不释手，但是美中不足的是这颗珍珠上有个小小的黑点。渔夫想，要是能去掉珍珠上的小黑点，那这颗珍珠将会变成无价之宝。于是，渔夫开始剥这个小黑点，剥掉一层，黑点还在，再剥一层，黑点也还在，一层一层剥到最后，黑点终于没有了，但是珍珠也不复存在了。实际上，有黑点的珍珠不一定最美丽，但它的价值在于其浑然天成，然而像渔夫这样，过于追求完美则把原本本真的内涵也给丢掉了。这种苛求造成的结果实在是得不偿失。

英国首相丘吉尔曾说过："完美主义等于瘫痪。"完美主义，就像是不结果实的花朵；追求完美的人，很容易变成思想的巨人、行动的矮子。现实生活也告诉我们，人生不可能达到绝对完美的境地。实际上，绝对的完美也是不存在的。因为每个人的思想都不同，对事物的理解和审视的标准也不同，你眼中的好坏代表不了别人眼中的好坏。

因此，不妨告诉自己：世界上没有完美的东西。让自己的心态放轻松一些。尽管人生没有完美，但是我们可以追求人生的完整，就好比攀登一座高峰，勇敢地登上峰顶的人，可以尽情地抒发成功的喜悦；停在半山腰上的人，能够享受到清新的林间空气，还可以体会融于自然的快乐；

而在山脚下不愿意迈步的人，则可以坐在小溪边，与自然更轻松地亲密相处。每个人都有自己的收获和感触。保持自己真实和美丽的心态，认认真真对待工作和生活，这样也是一种“完美”的人生。